宝宝育儿百科

吕适存 著

{ 0-6 岁婴幼儿 }
科学权威成长养育方案

天津出版传媒集团

天津科学技术出版社

目录 Contents

推荐序

随着社会经济环境之变迁，人们有晚婚的趋势，加上职业妇女增加，以致一般家庭生儿育女的意愿降低。家庭少子化的结果，造成家长重质不重量，养育成长的过程还要过五关、斩六将，家长的心情常常七上八下，一般人养儿育女之道常受教于长辈或亲朋好友。

由于小宝宝并不是大人的缩小版，他的生理状况都在快速地变化，因此不能以传统大人眼光来衡量宝宝的表现。初为人母，除了关怀子女的天性外，作为21世纪的父母，还须具备充分的知识。

吕适存医师大作《宝宝育儿百科》，内容涵盖出生婴儿的观察、喂食、预防、保健、疾病认识与处置，内容浅显易懂，为人父母平时可翻阅，应急时可查阅，为家中不可多得的手边书。

家里的宝宝如《小王子》书所叙：她是全宇宙中仅有的一朵玫瑰花，虽然外头有许许多多和她完全一样的花，她是全世界独一无二的，我们为她浇过水、放屏风来保护她……因为她是我们的玫瑰花。养儿育女是一种艺术，用深切的感情去了解、倾听、帮助他们，为人父母者才能融入这美好的养儿育女艺术中！

本人乐于作序推荐吕医师大作给e时代的父母，以培养优质的下一代。

马英九

推荐序

吕适存医师是我在美国的同事，也是前任台湾儿科医学会的常务理事，吕医师在美国的时候，就是在我所负责的新生儿重症病房工作，待人谦和、工作努力。

回台之后，吕医师负责建立了三总小儿科的重症病房，也负责该院婴儿室婴儿照顾的工作，该院的婴儿照顾水平迅速提升，尤其是早产儿的死亡率大为降低，深得各界好评。

吕医师除了看病之外，还非常注重卫生教育的工作，除了看病时与家长沟通外，还在媒体与网络上回答家长提出的各种问题，自己也设有公益性的专门网站。

此次，吕医师在百忙之余，将一般照顾婴儿常见的问题整理成书，深入浅出地加以说明，相信对年轻父母一定有很大的帮助。

台湾成功大学附设医院院长

台湾儿科医学会理事长

小儿科教授

叶纯甫

推荐序

古人说，"未有学养子而后嫁者也"，意思是说，没有先学会如何养育小孩，然后才出嫁的。这话出自古书《礼记》，千百年下来，证明它错了。

人类的进步，证明了我们可以先"学养子"然后成家，更进步的是，新时代的优秀小儿科医师，他可以根据多年来研究和行医心得，写出育儿宝鉴，把"学养子"之事发挥得尽善尽美。他不是别人，就是吕适存医师。

按说，外行不可推荐内行，但我看了他的书，我内行了。我很高兴做此推荐。

李敖

自　序

怎么样照顾好我们的下一代，是每一个家庭最关心的问题。小宝宝与大人不同，小宝宝不会讲话，每一天的生长是一个不同的样子，也会带给父母们一些新的问题。以往大多是用传承的方式，由老一辈将照顾宝宝的一些经验教给下一代。这些口耳相传的知识有些是对的，有些是不对的。现代的医学已经能够用科学的研究方法、再综合大家的经验，反复验证，发展出一套系统照顾婴幼儿的方法，使我们能把宝宝照顾得更好。在医学上，我们把这一门如何照顾宝宝的学问称为"新生儿学"。

新生儿学的发展也是日新月异的，例如：在营养方面，我们知道更多在宝宝的生长发育期间哪些是身体必需的成分，所以有各种新配方的婴儿奶粉在不断推出，使宝宝长得更好。

在疾病预防方面，免疫学的发达使我们有更多、更好的新疫苗，使以往在20世纪一直困扰我们的许多常见疾病，例如小儿麻痹、麻疹，甚至水痘都在逐渐绝迹，我们现在的宝宝可以少受很多传染病的侵袭，比以前长得更高、更壮。

但是随着工业化的发展以及生活形态的改变，现代化环境中的宝宝在健康上也产生了不少新的问题，需要大家去面对：

最明显的就是空气污染造成过敏气喘儿童的比例大为提升，在1974年时气喘儿童只占1.3%，至1996年时已经升高到10.2%，而疑似有过敏气喘的小朋友更高达18.8%，比例快速升高了10多倍，而其中有10%以上的气喘儿第一次发作是在一岁以下，所以早期的照顾及预防更为重要。

同时，随着家庭的现代化及生活休闲形态的改变，现在，我们的小朋友太多的时间花在看电视，甚至电玩上，减少了原有的各种正常活动。新的生活形态反而使肥胖的小朋友增加，使近视的小朋友增加，因此肥胖及视力问题成了现代社会新的健康课题。

另外，更重要的一点，忙碌的现代生活，忙碌的父母，常常没有时间与小孩相处，反而把物质及宠爱当成补偿的方式，再加上在生活教育上时常只一味崇尚欧美的自由主义，这些都使小朋友自小就太不注重基本的生活教育。很多家庭对于小朋友的生活小节太不注重，反而使这些小朋友长大了以后的生活习惯过度散漫，这种散漫的生活态度对于他以后上课的专心，做事的次序性都有不好的影响，本书也特别以"三岁看大，五岁看老"一文加以探讨。

我们要培养好的下一代，不只是疾病问题，身心方面是一样重要的。

21世纪是一个全新的世纪，希望在各方面有更多的突破，使我们能有更健康可爱的下一代。

作者：吕适存

第1章

认识新生儿

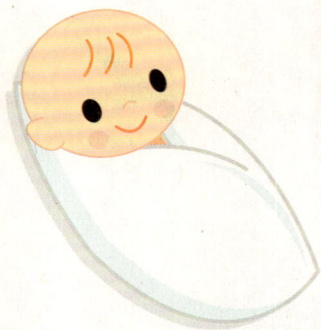

新生儿的生理特征

　　恭喜你！初为人母，看着可爱的宝宝，生命诞生的喜悦油然而生；但是在他每一寸光阴的成长过程中，做母亲的也会面临各种成长发育的问题。本书将系统地为你介绍宝宝自出生以后可能面临的常见问题，在你平时有空闲或是有需要时翻阅一下，照顾起来必然更得心应手。

胸　部

- 胸部成桶状，由于宝宝的呼吸是腹式呼吸，故胸部的起伏不大。
- 有些宝宝的乳头会分泌一些类似乳汁的白色液体，这是受到母体荷尔蒙影响的缘故，此为正常现象，不要去挤压它，以免发炎；一个星期左右即会自行消失。

腹　部

- 宝宝的腹部是圆圆的，有点凸凸的，会随着呼吸而起伏。
- 脐带一般7~10天才会自行脱落。

四　肢

- 宝宝的小手大多保持握拳状，抓握能力很强。
- 小宝宝的腿因在母体内时受到羊膜及子宫的压迫而呈现O字形，甚至有些宝宝的脚掌因受到压挤而出现内翻或外翻的现象。如果情形不太严重，绝大部分不需要接受任何治疗，就会在几个月或一两年后慢慢恢复正常，真正需要治疗矫正的情况并不多。

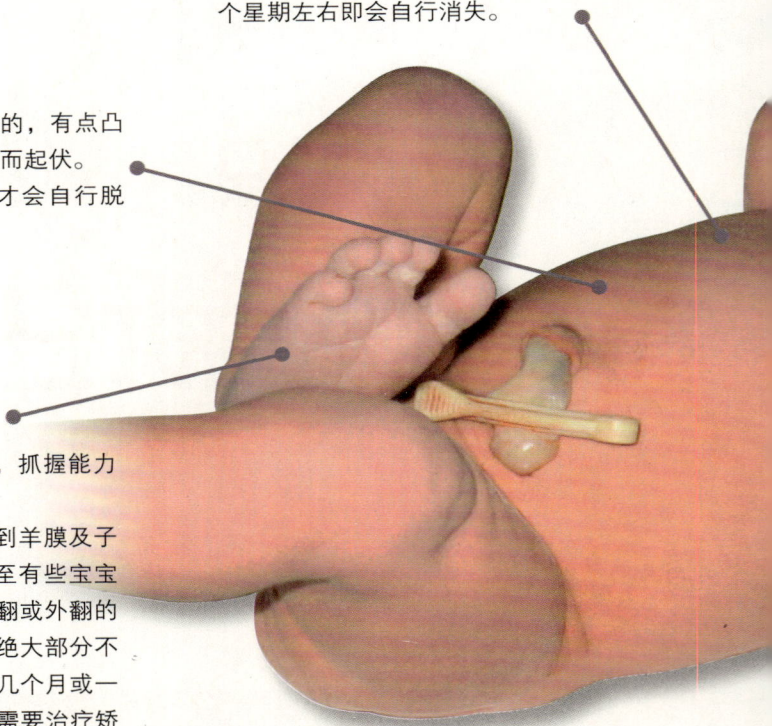

宝宝出生之后最好的照顾方式，即与母亲住在同一个房间（也就是"母婴同室"，Room-in care），这已是医学的趋势。此与早期婴儿出生后先由医生、护士照顾，出院时才由母亲接手的方式有很大的差异，母亲会更早接触宝宝，也更容易了解宝宝，把宝宝照顾得更好。

首先，我们要为父母简单介绍新生儿的生理特征：

颈 部

由于肌肉骨骼尚未发育完全，因此还不能挺起头部，一般要到3个月大左右，才能抬头。此时要注意宝宝颈部的两侧有没有硬块，以免发生「斜颈」的现象。

头 部

- 一般头围33～35厘米，前额顶部有一个柔软的2.5～3厘米的前囟门，后脑也有一个较小的后囟门。
- 刚出生的宝宝一般头发并不多，头发大概要等到一岁时才会长得更多，刚出生时头发不多，父母不用担心。
- 宝宝出生时头骨因为受到产道的挤压，常会互相重叠变形，甚至出现拉长的现象，这些都不用担心，一般一两个星期后，大部分都会自行恢复正常。

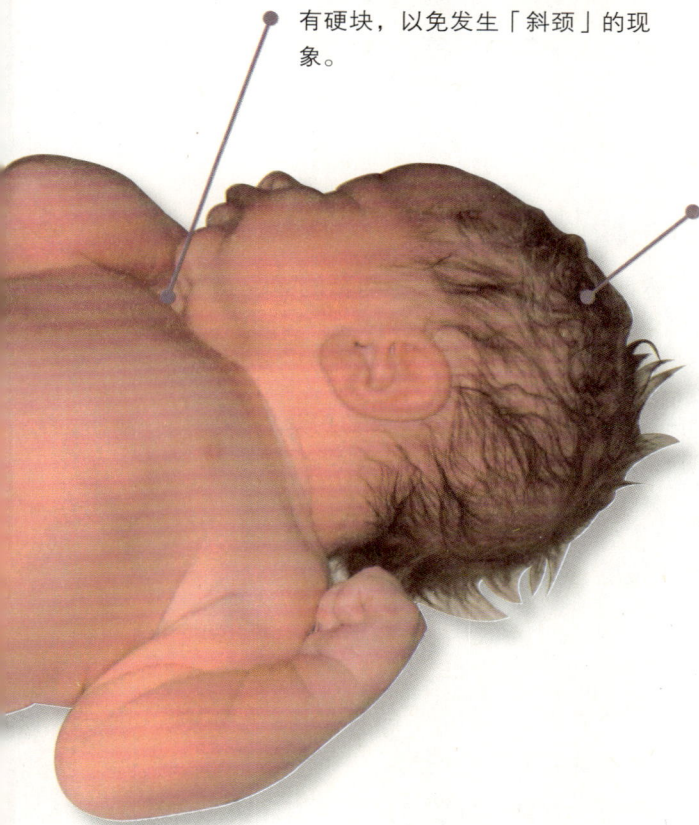

身材比例

· 宝宝的身材比例与大人是不同的，头较大，脸较圆，下巴较小。

· 胸部的形状前后比较圆，肚子比较圆且凸出，四肢比较短。

· 身高的一半是在肚脐的位置，不像大人，大人身高的一半是在下半身耻骨的位置。

身高·体重·头围

· 宝宝的出生体重从2 500克到4 000克都是正常的；平均身长大约50厘米。

· 正常宝宝平均每天体重大约增加30克，约一个月增加1千克。

· 正常宝宝的头围在33～35厘米。

呼吸与心跳

　　新生儿期的心跳、呼吸都要比大人快得多，每分钟心跳可达到120～160次，呼吸可达到每分钟30～60次。

口　腔

· 用手指尖放在唇部，宝宝会有自行吸吮的现象。

· 宝宝出生后约第3天对味道就很敏感，喜欢甜味，怕酸与苦的味道。

鼻　子

· 外形较尖，上面时常有一些白色粟米状的小颗粒，甚至可以将其中的内含物挤出，这不是发炎或感染，不必担心。

· 宝宝时常会连打好几个喷嚏，并不是感冒了，而是在清通鼻道，为正常现象。

· 在嗅觉方面，宝宝对于奶味特别敏感，常会自行趋向有乳味的地方。

耳　朵

· 耳朵柔软，足月产的宝宝可以摸到耳骨。

· 耳朵如果有畸形，就要考虑是否也有肾脏方面的问题。

· 耳朵位置如果太低，也就是低于两眼的连线，就要考虑是否有唐氏综合征。

眼睛有血丝（结膜下出血）

　　许多新生儿在出生后，眼白的部分会出现红红的血丝，甚至是一整片的出血，特别是在黑眼珠的上方及内侧的部位。这是因为宝宝出生时经过产道，其头部受到压挤，眼睛结膜部分（眼白）的小血管破裂。此为良性现象，一个星期左右就会自行消失。

男性生殖器

- 正常情形是，包皮覆盖住尿道口。在阴囊内可以摸到两个睾丸，如果没有，就要近一步检查是否为隐睾症。
- 有时候阴囊会因为积了很多水而变大，这称为阴囊积水。

阴 部

- 足月产的宝宝大阴唇比较明显，愈早产则小阴唇愈明显。有些女婴出生后会有阴道出血的现象，这是受到母体荷尔蒙影响的缘故，约一个星期就会消退。

皮 肤

- 初生的宝宝对于触压、温度、疼痛都有反应，以前认为给初生的男宝宝割包皮不用上麻药，因为他不会痛，那是不对的。
- 第10天左右，宝宝皮肤对刺激的感觉即与大人相同。

触 觉

- 新生儿对于触觉的反应很敏感，母亲的抚摸不但能使他平静，而且对于他的成长也是有帮助的；不但一般足月宝宝有这种现象，早产的宝宝也是如此。
- 新生儿对于器官的感觉很敏锐，"饿"与"渴"是他哭的两个主要原因。

胎 毛

- 在体表常有一层细细的胎毛，愈是早产儿愈明显，主要分布在肩、背、前额、四肢等处。

- 胎毛通常在怀孕第16周便已出现，并于第32周消失，出生时胎毛明显常是早产的表示，大约出生后一周内就会自行脱落。

胎 脂

- 初生宝宝的体表常有一层油脂般的物质，这是由油脂腺的分泌物及上皮细胞所组成的，在皮肤皱褶处及阴部最明显，通常会自然干燥或由医师在宝宝一出生后即清除掉。

新生儿的原始动作 NOTE

寻乳反射

- 定义：刚出生的宝宝饿的时候即会出现"自动找东西吃"的本能，例如，妈妈会听得出宝宝饥饿时的哭声与其他哭声是很不一样的，或是用手接触宝宝的脸颊，宝宝很快转过头来要吃东西（即医学上所谓的Rooting Reflex，寻乳反射）的现象会特别明显。
- 意义：找寻食物。
- 消失时间：一般在3～4个月，此时眼睛可以固定注视物体。

抓握反射

- 定义：刺激宝宝小手的手掌或脚掌，会引起其小手出现抓握动作或脚趾向下。小手就会抓住大人的手指。
- 意义：正常神经反射。
- 消失时间：一般在3～4个月时。

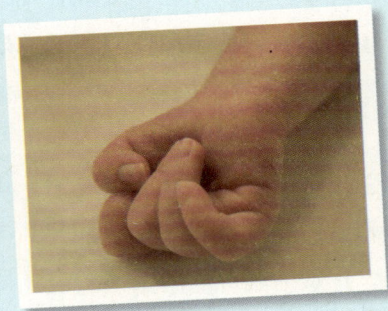

新生儿的生理特征——头部

头部的产瘤

在出生过程中，尤其是自然产的婴儿，由于头部卡在产道阴道口，使得该处头皮下形成一片凸起的肿块。其内含物是水分或渗血，头顶后部看起来尖尖的，整个头的形状好像变得比较长。这种情形在几天至几周内多半会自行消失。

头部的血肿块

由于生产时头部受到骨盆腔骨骼或产钳的压挤，有些宝宝头部的两侧，会出现边缘明显、有张力的凸起的血肿块；通常肿块底下的头骨摸起来好像有点凹陷，可实际上却不是，因为头骨很少真的凹陷。

这种血肿块有些在几个星期内便会逐渐消失；消退得较慢的往往会形成硬块，然后才慢慢消失，可能得花上几个月时间。宝宝有血肿块时，请不要加以按摩或热敷，尤其不要弄破，以防感染。

新生儿筛检

许多先天性代谢异常，常造成儿童终生智能或身体残障及生长发育迟滞，不但患儿本身痛苦，更是父母精神、物质的双重负担，也损耗了许多有形、无形的社会资源。

由于先天代谢异常在婴儿期症状表现不明显，因此必须借助"新生儿先天代谢异常筛检"（简称"新生儿筛检"）早期发现，早期治疗。某些先天代谢异常若能在婴儿期早期诊断和开始治疗，他们将可过着和正常人一样的生活。

新生儿筛检

筛检时间及作法
新生儿出生2～3天后或进食24小时之后，由医疗人员采取少量足跟血以做检验。

通知
检验结果如为阴性（检查值在正常范围内），不发通知；如果需要进一步检查时将会接获通知，届时希望家长能依指示接受复检或治疗。
为了你宝宝一生的健康，请让宝宝在出生一个月之内完成新生儿筛检。

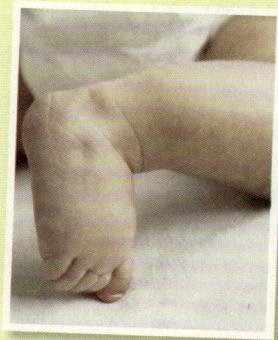

　　遗传疾病的种类很多，但是目前能够治疗的并不多。新生儿筛检主要以"可治疗的"先天性代谢异常为筛检目标。目前我国所做的新生儿筛检，以发现下列疾病为主：

先天性甲状腺低下功能症

▶ **原　因**："先天性甲状腺低下功能症"大部分是由于甲状腺生长不正常，也就是没有甲状腺、甲状腺发育不全，或是异位甲状腺所致。亦有部分原因是由于甲状腺激素合成异常，如下视丘脑下垂体促甲状腺素分泌功能低下、碘缺乏或母亲服用抗甲状腺药物所致。

▶ **症　状**：如果新生儿罹患"先天性甲状腺低下功能症"，会出现表情痴呆、小鼻、低鼻梁、皮肤及毛发干燥、哭声沙哑、脐疝气、腹胀、便秘、呼吸及喂食困难、延续性黄疸及生长发育障碍等症状。

▶ **诊 断**：由于上述症状在新生儿期不易发现，往往出生后2~3个月才会慢慢出现，因此要早期诊断只得靠筛检，筛检出的病例再作进一步详细的全身检查，测定血液中甲状腺素T4及甲促素（TSH）含量，并作甲状腺造影检查，以确实诊断病情。

▶ **治 疗**：对"先天性甲状腺低下功能症"的治疗，给予适量的甲状腺素补充治疗即可。其治疗效果与开始治疗的时间有密切关系，一般在出生后3个月内开始治疗，约有80%的婴儿能有正常的发育和智能；到了6个月后才开始治疗，则很难有正常的智能发育；若到5~6岁时才开始治疗，则除了会出现智能障碍外，身材亦显得特别矮小。

苯酮尿症、高胱胺酸尿症

▶ **原 因**："苯酮尿症"和"高胱胺酸尿症"均是属于新生儿"氨基酸"代谢异常疾病。此类疾病大多因为人体中某些酵素缺乏或不足，使得氨基酸代谢的过程受到影响，氨基酸和其代谢物堆积在血液中，对婴儿或孩童的脑和中枢神经系统，会造成永久性的伤害，进而引起智能不足。

▶ **遗 传**：这些先天性氨基酸代谢异常，都属染色体隐性遗传的疾病，也就是说，遗传的再发率为四分之一。

▶ **治 疗**："苯酮尿症"等氨基酸代谢异常疾病的治疗原则，主要是从控制新生儿的饮食上着手：婴儿期应尽早使用特殊配方奶粉，禁食一般牛奶；其他治疗饮食，须有小儿科医师与营养师追踪调配。

半乳糖血症

▶ **原 因**："半乳糖血症"是因为人体中缺乏某些酵素，以至于无法将半乳糖经由正常途径转变为葡萄糖的一种遗传性碳水化合物代谢异常症。

▶ **症 状**：患有此症新生儿，体内积存大量半乳糖，出生时往往没有特殊症状，喂乳数天后，却发生呕吐、昏睡、体重不增加、肝脏肿大和黄疸，严重者常因感染而死亡。症状较轻者会有生长发育上的障碍，如低智能、白内障、肝硬化等情形。

▶ **治 疗**：治疗"半乳糖血症"也是使用控制饮食的方法，父母须改用豆奶喂食新生儿。含有半乳糖的食品，如牛乳、乳品食物等，都应禁止喂食。如果在新生儿早期及早发现治疗，治疗效果通常都相当良好。

葡萄糖–6–磷酸盐去氢酶缺乏症（俗称"蚕豆病"）

▶ **发生率**："葡萄糖–6–磷酸盐去氢酶缺乏症"，称"G–6–P–D缺乏症"，也就是一般所称的"蚕豆病"，在我国台湾出生的新生儿当中发生率最高，平均每一百个新生儿就有三个病例，男性发生率比女性高。

▶ **遗 传**：蚕豆病在医学上从血液的成分可分为几个不同的型，不过绝大多数患者多有家族遗传关系，例如客家族系的人较多；只有极少部分是因为宝宝本身的基因突变所致。

▶ **原 因**："G–6–P–D缺乏症"是因为红细胞细胞膜上缺少"葡萄糖–6–磷酸盐去氢酶"，这种红细胞容易受到特定物质破坏而产生溶血现象。

▶ **症 状**：一些会造成溶血的东西以蚕豆为代表，有"G–6–P–D缺乏症"的人吃了蚕豆后会出现脸色苍白、肝脏脾脏肿大、小便发黄的现象，且由于发生溶血，出现大量的胆红素，严重时还会形成核黄疸，引起脑性麻痹症状，进而导致新生儿死亡。

▶ **预 防**：原则上，对付此疾病应采取"预防重于治疗"的手段，不管是婴儿或成人，都不能接触萘丸（俗称臭丸）、紫药水或服用蚕豆和某些药物等，以免导致溶血性贫血，引起并发症。只要能够遵循要注意的事项，一样可以有健康快乐的生活。

❓ 为什么我的宝宝会得蚕豆病？

关于宝宝得蚕豆病，家长常会问两个问题：
一个是为什么我们家族都没有人得这样的病，只有我这个宝宝会有？
另一个问题是为什么我们父母都没有避讳任何东西，也没出现贫血？
其原因可能与每个人缺乏的程度不同，以及接触到这些物质的机会不同有关。

新生儿黄疸

　　宝宝因为肝脏功能还没有发育好，在出生一周内，足月产宝宝有60%会出现黄疸；早产宝宝则有80%会出现黄疸。

　　正常的宝宝，出生后第一周内出现轻微的黄疸，可以说是正常的现象。但是如果黄疸太重或持续的时间过长，则要考虑到宝宝的身体是否有某些不正常的情形存在，这些情形包括一些发育上的生理问题或疾病，许多都是不可以忽视的问题，必须适当地面对及处理。

正常的生理性黄疸

▶ **原　因**：正常宝宝会有黄疸是因为其体内产生胆红素的量过多，而肝脏的功能又尚未发育成熟，不能分解与排出这些胆红素，再加上有些正常经由胆管已经排到肠内的胆红素，又再被婴儿的肠道吸收回到血液内，这些因素加在一起，使得新生儿特别容易出现黄疸现象。

▶ **发生时间**：正常足月产宝宝，黄疸一般在第2～4天出现，第4～5天到达高峰，于一周到两周之内会消失；早产儿的黄疸通常持续较久。

▶ **正常状况**：黄疸的颜色不能太深（黄疸的深浅可以请教医师，或由验血决定），胆红素的数值平均在11～12毫克/分升左右。

▶ **出现部位**：新生儿的黄疸大都是由脸部先开始，严重时才会扩及身体与四肢手脚。在正常柔和的日光或日光灯下看起来比较准确。

▶ **照光与否**：如果发现身体躯干部分有黄疸时，通常黄疸指数在7～8毫克/分升左右；如果膝盖以下的皮肤也出现黄疸时，指数就超过12～15毫克/分升了，此时要请医师决定是否要照光治疗。

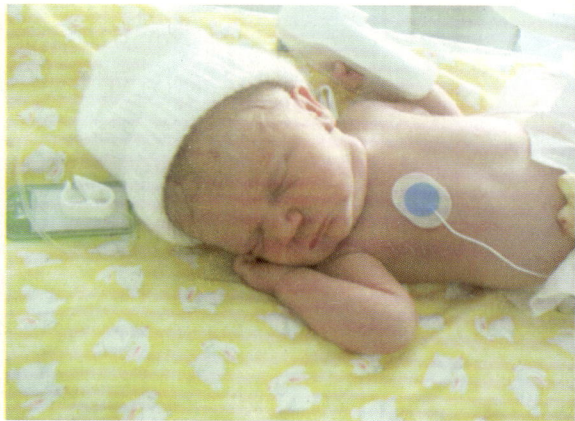

黄疸过深——核黄疸

▶ **原因与影响：** 黄疸过深表示宝宝体内的胆红素过高，如果胆红素的指数超过20毫克/分升以上，婴儿脑内最重要的"基底核（basal ganglion）"（基底核是脑内细胞的聚集区，分别掌管"运动""感觉"……各种功能）将会受损坏死，其结果可能在未来造成脑性麻痹，使宝宝的智力、听力、视力及活动能力终生受损，后果十分严重，不可不慎重。

▶ **症　状：** 发生核黄疸时，宝宝会有胃口变差、昏睡、活动力降低等现象。最明显的特征是出现非常尖锐且刺耳的哭声、身体向后弓弯、非常烦躁不安，甚至发烧、抽筋。

▶ **发生对象：** 核黄疸较易发生在早产儿及各种原因引起败血症的宝宝身上，即使指数没有超过20毫克/分升，很可能早期就会出现核黄疸的问题，须特别留意。

▶ **处　理：** 现代医学已经能够用照光、换血等方法早期降低太高的黄疸，也能早期诊断，所以现在宝宝发生核黄疸的机会已大为减少。

黄疸持续太久不退，表示宝宝有某些疾病或潜在的问题，可能的原因如下：

1. 体内胆红素的产生量太多

胆红素是由红细胞破坏后的成分所产生的，红细胞破坏的量愈多，产生的胆红素量就愈大。常见的情形如：

▶ **父母亲与宝宝的血型不合（包括ABO及Rh）：** 宝宝体内的红细胞在出生时发生大量的溶血现象时，可以使胆红素的产生太多，造成严重的新生儿黄疸。如果母亲血型是O型，父亲血型是A型或B型，生的宝宝血型又是A或B型时，母亲体内的抗体可能会引起宝宝体内的红细胞破坏，造成溶血现象，引起不同程度的新生儿黄疸。

国内Rh血型的问题不多，但是如果发生血型不合的溶血问题时，后果比A、B、O血型不合所造成的问题更严重。

▶ **婴儿出生时有体内或皮下出血**：例如，婴儿的头部在生产时因为经过产道时受到压迫，或使用产钳会造成产瘤或血肿块，这种产瘤及血肿块中有相当多的血液，这些血液在溶解时也会产生大量的血红素，进而造成婴儿的黄疸。

▶ **婴儿本身有"蚕豆病"**：亦即医学上所谓的G-6-P-D缺乏症，患者因红细胞的细胞膜表面缺乏一种酵素，容易受到特定物质破坏而产生溶血现象，释放出大量的胆红素，进而导致核黄疸。蚕豆病是例行新生儿筛检项目之一，如果确定有这一项问题，只要能够遵循要注意的事项，一样可以有健康快乐的生活。（详见〈新生儿筛检〉17页）

▶ **婴儿本身有败血症等感染时**：也会造成红细胞的破坏及肝功能受损。

2. 在母亲身体内受到先天性感染

例如，德国麻疹、梅毒、巨细胞病毒（CMV）……都会引起肝功能不良及破坏血液，进而出现黄疸。

3. 胆管先天性阻塞

由于胆管先天性阻塞，以致由肝脏制造的胆汁不能正常地经由胆管排出至肠内，胆汁内的胆红素回流至血液内，造成黄疸。

如果宝宝出生后黄疸一直持续不退，逐渐有肝脏、脾脏肿大现象，大便呈灰白色，像石灰土一样，尤其再加上检验时发现胆红素中的"结合胆红素"过高的时候，医师会考虑到这种诊断。用超声波及计算机断层检查可以确定，此种情形需要手术治疗。

4. 母乳可能是造成宝宝黄疸的原因之一

大约有三成以母乳哺育的宝宝黄疸现象会比较明显，而且黄疸的时间会持续比较久。如果宝宝出现黄疸时必须把以上所提与疾病有关的各项原因全部排除后，最后才考虑母乳这一项原因。

为何母乳会引起新生儿黄疸，其原因目前还不是很了解，可能与母乳中某些脂肪酸的含量有关，但是一般与母亲本身的饮食及健康似乎没有直接关系。

所以，如果黄疸持续不退，医生至少会检查是否有以上的任何可能存在，才能及早治疗或给予适当的处理。

新生儿黄疸

黄疸值12毫克/分升以上的宝宝，可给予照光治疗

造成黄疸的胆红素在一定波长的蓝光（420～460毫克）照射之下，可以转化为高水溶性的"光合胆红素"，并从胆管排泄掉，因此照光可以降低宝宝的黄疸。通常新生儿的黄疸值在12毫克/分升以上即可考虑给予照光治疗。

与"胆管先天性阻塞"相似的"新生儿肝炎"

先天性胆管阻塞的症状与另外一种疾病"新生儿肝炎"很类似，都是黄疸持续两三周以上不退，只有用超声波及计算机断层扫描检查来分辨。

宝宝黄疸还是可以喂母乳

一般因为母乳所引起的黄疸，其出现的时间较慢，在出生后一周左右才较明显。黄疸指数平均不太高，宝宝的外观正常，活动力良好，胃口也正常，此种黄疸有时可以持续到三五个月以上。如果指数有12～15毫克/分升以上时，可以考虑暂停母乳两天，用牛奶取代，指数自然会降低。绝不建议贸然把母乳全部停掉。

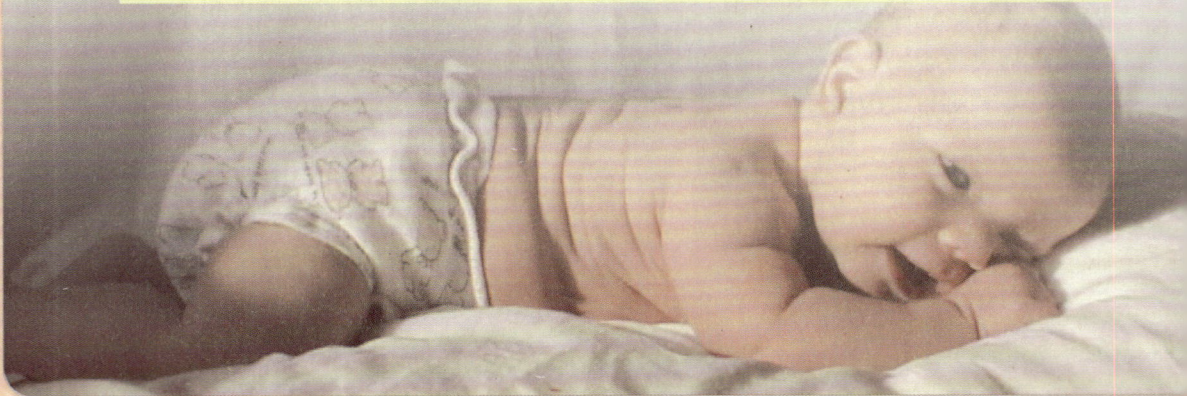

皮肤发黄就是黄疸吗？

父母最担心的就是黄疸，怕宝宝的肝功能有问题，医生大致的分辨方法是：

如果皮肤、眼球的眼白部分和手脚都发黄，小便也发黄，则大致是因为肝功能不好所引起的黄疸，如新生儿肝炎或胆管阻塞。

有些宝宝只有手掌、脚掌的皮肤发黄，眼白及身体其他部分并不发黄，则表示吃了太多含有维生素A的食物（胡萝卜、木瓜、橘子、橙子……）所引起的维生素A中毒现象，长期下来可能造成肝脏、脾脏肿大，皮肤干燥，脑压增高，生长迟缓等等。所以，不要每天给宝宝喝橙子汁，或吃木瓜、胡萝卜等；如果有这种现象，停喂一两个月，皮肤的颜色就会逐渐恢复正常。

头部的发育

头　围

正常宝宝刚出生时，头盖骨还没有长到可以彼此相连在一起，也就是不像成人的头骨一样互相融合，其好处是头骨中间的大脑和小脑，在这一段时间可以有空间快速长大。

人类脑子的发育以出生后的第一年最为重要，这一段期间不但脑细胞快速生长，智力的发展在第一年内也大致完式。如果出生后头骨之间融合得太早，头围没有办法正常发育，医学上就称之为"小头症"。小头症的患者常合并有"小脑症"，医师多会考虑是否能以手术把头骨切开，让脑子能有生长的空间。

当然头骨互相之间融合之后，头围也不是完全不再长大。头围是否有继续生长，一方面可以定期测量，比较其变化；另一方面也可以照计算机断层扫描或MRI，来看宝宝的头骨接缝之间是否还有生长的现象。如果还能正常生长，智力不受到影响，就不需要手术治疗。

头前部

前囟门

在宝宝还没有互相融合的头骨上，前后有两个大开口，也就是我们头顶前三分之一处的"前囟门"，以及头骨后枕部的"后囟门"。

前囟门

"前囟门"是由额骨以及左右两块顶骨中间的空隙所形成，因为这一区的下面没有头骨，所以摸起来软软的，有些父母不准别人摸宝宝的头，甚至洗头时也不准洗这里，生怕碰伤宝宝的脑子。事实上，正常的接触并不会对宝宝造成伤害。

后囟门

头后部

宝宝前囟门在出生时的正常宽度为2.5～3厘米，以后随着成长而慢慢变小，大约在9个月大到一岁半之间闭合。如果前囟太大或无法正常闭合，则要考虑是否有水脑脑积水、甲状腺功能过低等问题。

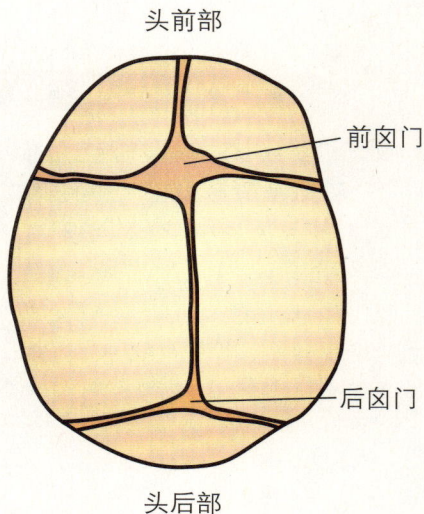

后囟门

后囟门位于枕骨与两片顶骨之间，直径小于0.5厘米，通常在出生后6个月内会闭合。由于后囟门直径开口较小，所以较少作为判断宝宝健康状况的依据。

头 发

有些父母在宝宝出生后没几天便把他头发都剃光，究其原因，有些父母的说法是，让宝宝头发自己脱落会比较不好看；有些人则说，剃掉后新长出来的头发会比较多、比较浓。其实这些都没有医学上的根据。

宝宝刚出生时的头发多少与以后并没有直接关系，有的宝宝出生后就是一头黑发，有的则看不到几根毛。医学研究指出，平均到一岁左右，宝宝的头发才会长得比较好、比较多，与早期是否剃发没有任何关联。

如何计算新生儿的呼吸次数?

正常宝宝的头围

正常宝宝的头围是33～35厘米。与体重一样,出生的前6个月增加最快,大约增加9厘米;一岁时约为47厘米,第2及第3年每年增加2厘米,再以后其增加的速度就很慢了。

从前囟门看宝宝的健康

由于前囟门与大脑间没有头骨阻隔,所以前囟门的高低可以直接反映出脑压的变化。

· 囟门明显凸起:表示脑压增加,可能是有脑炎、脑膜炎,或有脑出血等问题。宝宝发烧时,前囟门也会有凸起的现象。

· 囟门明显凹陷:表示宝宝有脱水的情形,例如呕吐、腹泻等原因造成。所以前囟门可以作为医生诊疗的指标。

呼 吸

呼吸是很重要的健康指标之一,各种呼吸道的疾病都可能影响到呼吸状况,所以父母应了解宝宝呼吸上的一些基本特性。

腹式呼吸

新生儿的呼吸主要是腹式呼吸,即用横隔膜收缩使肺部扩张,呼吸时腹部的起伏较胸部明显,且呼吸时较快、较浅,呼吸的快慢也不是非常平均,有时会快一点,然后又变慢;这种现象在早产儿尤其明显。

正常情况

正常初生婴儿的呼吸次数每分钟在30～60次,但会随着活动有明显的改变,在吃奶或兴奋时会明显的增加。

睡眠时的浅睡期,也就是医学上所谓的"快速动眼期(REM)"睡眠时,宝宝的呼吸仍是不规律的,有时快,有时慢,甚至会暂时停止呼吸;待进入深睡期之后,宝宝的呼吸才会变得比较规律。

异常——呼吸次数大增

初生婴儿感冒并不见得会有发烧现象，所以不能用"有没有发烧"当做评量生病轻重的依据；反而要参考身体其他的变化，其中"呼吸次数的变化"即是相当重要的指标。

任何时间宝宝的呼吸次数大为增加，尤其是呼吸次数超过每分钟60次以上时，即要考虑是否为呼吸道受到阻塞，或是呼吸道受到感染，如气管炎、肺炎等。

异常——呼吸特别吃力

有的时候呼吸次数增加不多，甚至变慢，可是呼吸起来似乎"特别吃力"，例如呼气时胸骨凹陷，或者鼻翼有煽动的现象，即表示呼吸道可能有阻塞现象，此时要考虑宝宝是否因溢奶呛到，须立即送医检查。

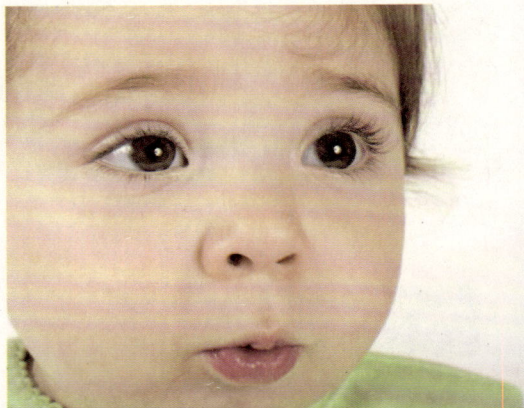

仰睡有利呼吸

为确保呼吸的顺畅，我并不建议父母给婴儿期（一岁以前）的宝宝睡枕头，最好要尽量让他的小床保持平坦。如果宝宝没有呕吐或其他医师特别指示的情形，原则上以仰睡的方式较好，趴睡容易使呼吸道受到阻塞，使婴儿猝死症的机会大为增加，所以不鼓励。

如何计算新生儿的呼吸次数?

计算呼吸次数时，由于初生宝宝的呼吸较浅，观测不易，至少要连续计算30秒以上才较准确。

除了可以观察宝宝的腹部之外，也可以观察其下颈部与胸部相接之处，看其起伏的情形。

或者可以把棉球的棉丝放在宝宝鼻孔处，观察棉丝随着鼻孔空气进出时的摆动情形来计算。

排便与小便

正常的排便状况

▶ **原 因**：第一次排便的时间大约是在出生24小时以内，大便的质地性状较浓、较亮,量不多，称之为"胎便"。这个时候宝宝刚出生，还没有进食，胎便最主要是由以前肠内脱落的黏膜细胞、羊水、胆汁等所构成。

▶ **过渡便→一般便**：开始喂奶后的3～4天，大便渐渐转成褐色带绿，中间掺杂着一些奶块，称之为"过渡期粪便"；再过3～4天才转为一般普通的金黄色或黄褐色粪便。

▶ **次 数**：婴儿出生前几天的排便次数与吃奶次数相近；一周左右则降为每天3～4次；吃母乳的婴儿排便次数更多，一天可达6～7次。

▶ **外 观**：喝牛奶的宝宝大便中常会有一些较明显的白色奶块；吃母乳的宝宝其大便奶块较少，色呈金黄。一周以后大便次数会逐渐减少。

便秘与腹泻

宝宝是否有便秘现象，是以大便的"性质"为标准，软硬度类似牙膏（Paste-Like）的大便最好；大便含的水分太多（腹泻）或太少、太硬（便秘）都不好。

一个月以上的宝宝，每天正常大便的次数，其频率由1～2天1次至1天3～4次都有，只要他习惯如此，加上胃口、脸色各方面都很好，就算正常。如果平日一向1天3次，忽然变成两三天都没有，就是便秘了；平日2天1次，大便软软的，忽然变成1天3次，则是腹泻。

肠道之异常疾病

▶ **出生以后没有大便**：可能是"先天性的肠道发育不良（Atresia）"，医生应该及时检查处理。

▶ **排便能力愈来愈差**：有一种"先天性巨肠症"的宝宝有可能在出生的前几天大便还正常，但是一两周以后排便的能力越来越差，同时出现腹胀及交替性的便秘、腹泻的现象，这是因为宝宝肠黏膜下控制肠子蠕动的"神经节"没有发育好，须手术治疗。

正常的小便

宝宝的第一次小便大多在出生后24小时之内，只有不到5%的宝宝是在出生24小时后才出现。

泌尿系统的问题

如果超过一天还没有小便，则要考虑是否泌尿系统发育有问题，例如先天性的尿道狭窄不通、肾脏发育异常等，或是在生产过程中因为难产缺氧，致使肾脏功能受损无法制造小便。如遇此类情况，医师会为宝宝做详细的检查。

皮肤的问题

脂溢性皮肤炎

▶ **症　状**：有些宝宝出生后，头皮上总是有一层类似牛油般的分泌物，常与头发纠结在一起，很不容易清除，如果勉强剥掉，下面的皮肤还会受伤出血；情况严重者，连两颊及眉毛，甚至耳朵的后面、耳道里面都有这样的分泌物，令父母非常烦恼。

▶ **原　因**：

1. **主要与体质有关**：通常宝宝的父母有过敏现象，大部分的宝宝未来也会出现过敏体质。

2. **也可能与母体的荷尔蒙有关**：目前医学已经了解，皮肤脂肪的过度分泌与每个人体内荷尔蒙性激素的多寡有关，可能是母亲体内的荷尔蒙传给宝宝的量过多所引起。这些经母体而来的荷尔蒙一般在宝宝6个月左右大时就会消失，所以脂溢性皮肤炎的现象通常到了6个月以后就不再出现。

3.有时候会因局部潮湿、不洁等刺激，而与湿疹、异位性皮肤炎同时出现：有些小婴儿在发生尿布疹的部位，以及四肢弯曲容易发生异位性皮肤炎的地方，也会同时出现油脂渗出的现象。

▶ **发生年龄**：最常见于出生3个月以内，绝大多数在6个月大以后会自行消失。

治疗"脂溢性皮肤炎"的方法	
情况轻微者	▶可不治疗。
情况稍严重者	▶勿勉强将油垢剥除，可用婴儿油或温水涂抹患部，待油垢变软以后再轻轻拭去。 ▶油垢清除后，底下的皮肤呈粉红色，此时不要太用力，以免皮肤受伤。
油脂现象较重者	▶可以选择含有焦油、水杨酸等成分的洗发精，清洁的效果较好。
合并脱屑现象者	▶如果宝宝到了三四个月以后，在脂溢性皮肤炎的部位出现脱屑现象时，可能要考虑是否为真菌感染，必要时应请医师治疗。

毒性红斑疹

许多宝宝在出生后，身体上会出现一些小小的黄白色小丘疹，小丘疹的四周边缘有一圈红晕，有些地方较密集，有些地方较少，但都不会造成痒、痛等不舒服的现象。

如果把这些丘疹拿来检验，会发现里面有很多"嗜酸性（嗜伊红性）白细胞"，由于"嗜酸性（嗜伊红性）白细胞"通常在过敏的时候才会出现，所以医学上怀疑这是一种早期皮肤过敏的现象。此种丘疹一周左右便会自行消失。

粟状丘疹

这是一种乳白色的小丘疹，会出现在脸上、齿龈，甚至在乳头、阴部，少部分也会出现在口腔上部硬腭的中央附近。如果把丘疹中间的白色颗粒挤出，多半是一些角质化的物质。这种丘疹也是良性的，会自行脱落。

血管瘤

	种　类	外　形
1	**草莓型血管瘤**	皮肤表面有草莓状的红色隆起。
2	**静脉型**	皮肤表面仍是正常的皮肤，但是皮肤下面有一大团静脉血管，造成该处皮肤有明显的凸起。
3	**混合型**	为前述1及2的混合型，即皮肤有隆起，表面亦有草莓型的现象。
4	**毛细血管型**	皮肤表面平滑，但是这一块皮肤好像被泼了一片红色葡萄酒一样，也称为"葡萄酒型血管瘤（Port Wine Hemangioma）"。

　　血管瘤可分为上述几种。通常第1、2、3种大多会在3~5岁逐渐萎缩消退，如果血管瘤发生在影响外观或重要功能的位置，如脸上眼眶、口唇附近，则须请医师以手术或镭射激光早期处理。

　　如果"毛细血管型"长在面颊，往往脑部也同时有此种血管异常的现象，须请医师进一步检查，以避免并发症的发生。

　　如果"毛细血管型"长在后颈部正中线附近，由于其形状类似火焰状，故也被称为"火焰斑（Nevus Flammus）"，有时这种火焰斑会延伸到前额正中部分，甚至到上眼皮，通常一岁左右就会自行消失。

蒙古斑

　　我国新生儿的臀部在出生时，常有蓝黑色或蓝色的色素沉着，有些还会出现于下背甚至腿部，此情形通常在几周内便会逐渐消失。中国人（蒙古利亚种）的蒙古斑以呈块状者为主，日本种族则以斑点状为多，有的蒙古斑甚至终不消退。

第 **2** 章

照顾 新生儿

脐带护理

排除剖腹产、黄疸、照光等特殊情况，自然产的宝宝通常在生产后第3天左右即可出院回家。此时宝宝的脐带还没有脱落，医院常会为妈妈准备棉签、酒精等护理包，以便回家护理宝宝的脐带。正确的处理方法是：

脐带护理原则

1. 每天洗澡时，不必怕水碰到脐带，脐带处一样可以用肥皂清洗。

2. 洗完先将身体擦干，再用95%的酒精（一般称为"脱水酒精"）将脐带处的潮湿水气吸干。

3. 有些医院会用一般75%的"药用酒精"消毒，亦无不可；原则上，只要保持脐带处干燥无菌。

4. 有些医院会用无菌纱布敷盖在脐带上，有些医院则否。

5. 勿让潮湿的尿布浸湿了已经逐渐干燥的脐带，以防感染。

6. 正常情况下，7～14天脐带会自动脱落。

7. 若脱落前脐带根部有少量渗血，应属正常；若出血四周有红肿扩大，务必把宝宝带去给医生处理。

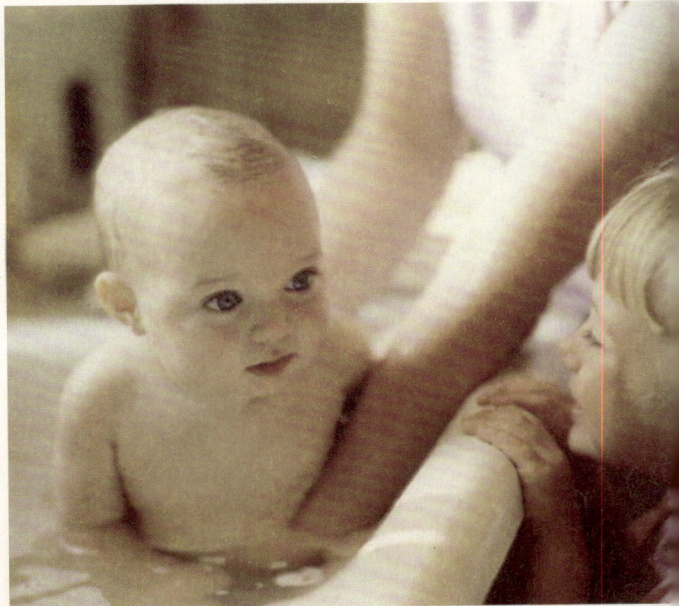

勤换尿布，避免尿布疹

每个宝宝，或多或少都有尿布疹的情形，或者一大片，或者出现在几个不同的部位——由于大小便照顾不良，导致长期和尿布接触的皮肤红肿、脱屑，甚至溃烂，有时候还会出现水泡、龟裂等现象。

半夜没换尿布

造成尿布疹最主要的原因就是"没有换尿布"。通常父母白天照顾得还不错，也能尽量注意到尿布是不是该换了；可是到了晚上睡觉时，往往在睡前为宝宝换上干净的尿布以后，直到第2天上午才予以更换。

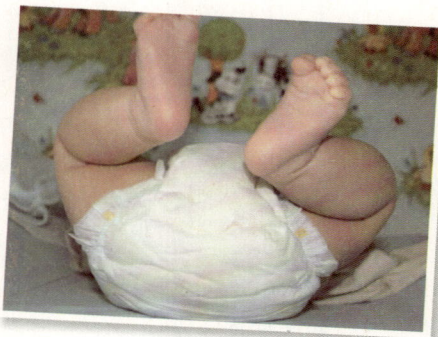

现在的尿布大多设计有一层隔水层，宝宝半夜所尿的尿聚集在尿布中，经过几个小时的体热作用，第二天上午早就蒸得差不多了，用手摸尿布，会感觉其表面的隔水层干干的，似乎宝宝夜里的尿量并不多。

事实上，在前几个小时里，宝宝的小屁股一直浸泡在尿液中，皮肤受了相当久的刺激。如果宝宝是仰着睡，就可以看到尿布疹出现的区域常是集中在臀部。

合并细菌或真菌感染

· 如果尿布疹出现化脓现象，即表示受到细菌感染了。

· 如果尿布疹上面有真菌感染时，可以看到尿布疹的四周有卫星状的小感染区域（呈小颗粒状或高起的块状），造成这种感染的真菌大多是"白色念珠菌"。

· 如果尿布疹反复发生且难以治疗时，则表示宝宝可能是过敏性体质。

预防与治疗

预 防 发 生	
尿布的选择	▶尽量选用透气性较好的尿布。
白天有人照顾时	▶夏天可以偶尔不穿尿布。
夜晚睡觉时	▶多注意宝宝的尿布是否湿了，湿了就要换。
清洁小屁屁	▶大小便后用温水将小屁屁洗干净，保持屁屁的干爽，并勤换尿布。

治 疗 方 法	
程度轻者	▶基本上可以敷一些含有"氧化锌"之类的痱子膏，保持皮肤的干爽透气。 ▶可以用"烤灯"的方式加速复原：建议用25～40瓦的灯泡，在距离患部30～40厘米远处以灯光照射。
顽固型的尿布疹	▶较顽固的尿布疹可以用含有类固醇成分的药膏，短期使用。
合并真菌感染时	▶必须使用含有抑制此种真菌的药膏才有效。

? 不要使用痱子粉

医学上并不鼓励用痱子粉，因为痱子粉的细微粒很容易随风飘起，对呼吸道会造成刺激，不利于健康，医院的婴儿室早已停用。

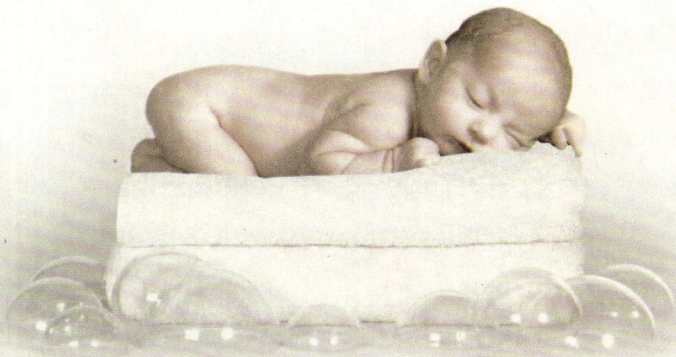

安抚奶嘴别乱放

常可以看到有些妈妈，把奶瓶、奶嘴的消毒工作处理得非常好，但是却把安抚奶嘴随便放在宝宝身边的小床上，或是挂在宝宝的胸前。有的人完全不消毒安抚奶嘴，有的人一天只消毒一次，如果看到安抚奶嘴被弄脏了，最多只是用开水冲一下，或用手擦一下。

安抚奶嘴也要"用一次，消毒一次"

这种情形在宝宝由保姆或老人家照顾的时候最为常见，甚至连绑奶嘴的绳子都很脏了，竟还继续使用，非常不合基本的卫生原则。她们常以为安抚奶嘴一天洗一次就够了，如果真是这样，为什么一般的奶瓶和奶嘴一天要准备6个的使用量，且每次都用消过毒的？

出生前2个月，不建议使用安抚奶嘴

有些家长甚至在刚出生的宝宝身边随时都放一个安抚奶嘴，只要宝宝一哭就塞给他吃，这种做法更不符合使用安抚奶嘴的原则，也不卫生；医学上绝不建议给刚出生的宝宝或出生才一两个月的宝宝吃安抚奶嘴，关于这一部分，请参考本书143页〈吸奶嘴或手指好吗？〉的内容。

安抚奶嘴不洁，小心病菌感染

通常，含吸安抚奶嘴的宝宝也是小儿科医生门诊时的常客，奶嘴的不卫生使宝宝患上呼吸道感染及肠胃炎的机会特别多，所以照顾婴儿的时候，很多小细节都是不可忽略的。

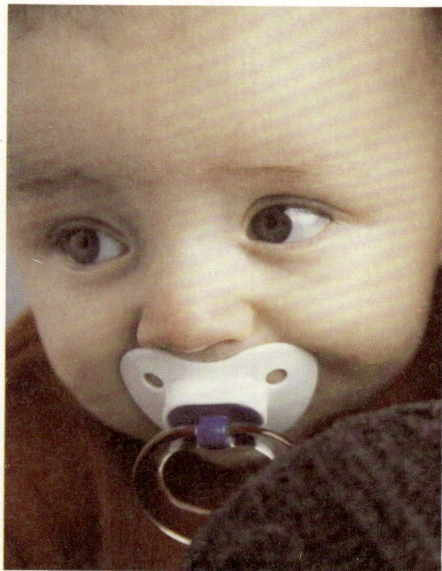

不要用力摇晃

习惯上在哄宝宝入睡，或是宝宝哭闹要安抚他的时候，大人都喜欢抱着他摇呀摇，宝宝往往也能够很快地安静下来。但是如果摇得太用力，或动作太大时，可能会对宝宝造成伤害，即医学上所谓的"摇晃婴儿症候群（Shaken Baby Syndrome）"，为人父母者不可不慎。

不当的摇晃会伤害脑部

胎儿期时，宝宝在母亲身体里面即被一层羊水围绕着，就像是躺在摇篮里一样，被摇得很舒服，所以他对这种感觉很熟悉，也很喜欢被抱着摇晃。但是如果摇晃的动作太大，或在摇晃过程中速度骤然改变，宝宝脆弱的脑部与颈部将承受不了突然变化的巨大压力：

- 有时神经纤维会突然断掉，造成四肢麻痹。
- 有时候则会使脑内的一些血管被撕裂出血，造成医学上所谓的"硬脑膜下出血"或"蛛网膜下出血"，甚至"脑内出血"。
- 这些状况都可能危及宝宝的生命，或者造成长久的伤害，甚至在未来引发脑性麻痹、癫痫、智力、听力、视力受损等问题。

脑部受伤的反应

所以，如果父母发现宝宝忽然哭闹不休，或突然变得特别安静、反应变差，甚至有四肢不太动的现象时就要特别警觉，一定要赶快带给医生检查。轻者需要用止血、降脑压的药，严重者则必须开刀治疗。

不要用力拉手

从几个月大的婴儿到两三岁大的小朋友，都是非常可爱的，有些大人在逗他们玩的时候，时常会抓着他们的两只小手，把他提高，甚至拉得高高，宝宝也会兴奋得喀喀笑。

但是这种"提高"宝宝的动作，时常因为大人一时间没抓紧宝宝，或是因宝宝挣扎扭动，使两只小手受力不平均，而突然拉伤宝宝的手臂。

拉伤手部的反应

这时候宝宝可能忽然大哭，也可能当时还不明显，到后来才发现他的一只手不太会动或抬不起来，此时可能已造成臂神经扯伤、锁骨骨折、脱臼或上臂骨骨折等伤害。

手臂拉伤后遗症

有时候外表虽然没有明显的骨折，但是在上臂骨顶端的"生长点（Epiphysis）"那一部分被挤掉了，"生长点"是负责使骨头以后不断生长变长的重要部分，若不注意这部分有受伤，未及时校正回去，将来那只手臂上端的骨头就不会长长，未来那只手臂会比较短。

所以不要贸然拉着宝宝的两只小手把他举高高，一不小心是很容易出意外的。

衣服不用穿太多

宝宝的衣服到底要穿多少才是正常？基本上我们建议，不论大人、小孩，有没有生病，衣服只要穿到人感觉不冷就可以了。穿衣服的目的本来就是要保暖，但穿得太多、太热出了汗，反而不好。

学外国人

记得我自己在美国芝加哥的第一个秋季，天气刚开始转凉，在18℃左右的时候，我就开始穿上毛衣出门，但到了医院，办公室里也是从台湾来的医师立刻私下警告我，不要穿这样多，以免被老外笑是"东亚病夫"，果然看看四周的老外都穿短袖，自己也不好意思地赶快把衣服脱掉。以后就是看别人穿多少，自己也穿多少。

外国人的衣服穿得不多，那时候自己也逐渐地感觉到：人类真的没那么怕冷，在刚冷的时候如果抬头挺胸吸一口冷空气，打起精神，身体也就不会冷得发抖，而且对冷空气的感觉还蛮舒服的，也没有真的着凉感冒。我们平常在台湾真的是太怕冷了。

穿太多，易长痱子

给宝宝包太多或穿太多衣服，不但容易长痱子，且过度的保护会使宝宝的身体就像温室里的花朵一样，变得弱不禁风，有一点风寒就不适应，而容易感冒着凉。

生病时手脚发冷与衣着无关

生病发烧时宝宝手脚发冷，那是正常的现象，在医学上手脚的血管时常因为生病发烧反射性的收缩而变冷，但这种手脚变冷的现象并不会因为身体穿得多而变暖。要变暖最好的方法是赶快为宝宝退烧，身体包得太多反而使温度不容易散掉，甚至于烧得更厉害。

建议为宝宝冲个温水澡，既能降温又能让宝宝的血液循环恢复正常，手脚很快就不冷了。

身体包太紧，溢奶很危险

传统上，老人家平时喜欢把婴儿包得紧紧的——身体、手、脚被一层层地包住，外面还用带子绑住，好像包粽子一样，只有头是露在外面的。这些家长最常见的说辞是：包起来比较不会惊吓到，宝宝不会抖动，或者说这样比较不会着凉。

包太紧，照顾者不易观察

但是这样的包法时常令宝宝动弹不得，照顾者很不容易观察到宝宝出了任何问题，例如：万一发生溢奶的时候，不易早期察觉。

包太紧，宝宝溢奶很危险

宝宝溢奶是很常见的问题，当宝宝因溢奶而呼吸不顺时，会自己用力挣扎，挣扎的动作包括转动头部、舌头用力，还有手脚配合性的伸展和扭动，以努力把口中的溢奶吐出来防止呛到，照顾者很容易看到这些挣扎动作。

如果把宝宝的手、脚都包住，发生溢奶时其身体动弹不得、无法挣扎，呛到的机会便大为增加，照顾者也不容易发现和及时给予帮忙，结果，单纯的溢奶很容易演变成吸入性肺炎或窒息死亡。

舒服最重要

所以正确的做法应该是：只要把宝宝的小衣服穿好，再用婴儿用的包布包住身体就可以了，不要把手脚绑住。睡觉的时候再用小被子盖住，让宝宝的身体舒舒服服的。想想看，即使是小动物被绑得紧紧的，他也会不舒服的，看到小动物被绑都会觉得不人道，何况是自己的宝宝呢？

务须特别压制宝宝的"惊吓反射"

当然也有些婆婆妈妈之所以会把宝宝包得紧紧的，是因为怕宝宝被突然出现的声响，或是有人碰触时吓到，这时候手、脚会忽然伸直，并且抖动，这就是前面所提到"摩若式反射（MoroReflex）"（又称"惊吓反射"）。在医学上这是一种正常的神经反射现象，宝宝到了三四个月大以后才会自动消失；如果新生婴儿出生以后没有这样的反射动作出现，反而表示宝宝的脑子有问题，是不好的征兆。所以父母们看到这种抖动不用担心或特别去压抑它。

宝宝能吹冷气吗？

有时候在门诊还是可以听到一些父母会问："夏天可以吹冷气吗？"甚至也有人说："电扇比冷气好。"这种观念对吗？

冷气与电扇

基本上可以从两个方面来看这个问题：在物理学上，电扇能够让人有凉快的感觉，其主要的原理是电扇的风会把我们皮肤表面一层薄薄的汗气吹散，使下面的体热容易发散出来，所以会感觉到凉快。

但是冷气会使人凉快的原理是冷气能把室内太热的温度降低，使炎热的夏天好像在过春天一样；如果我们能过春天，当然就能开冷气。

不是冷气，是空调

有些人不敢开冷气的另一个原因，可能是使用不同的名词所引起的问题，我们国内所称的冷气机，在英文是叫做"Air condition"，是"空调"的意思，并不是"冷气"的意思；在中国大陆亦将之称为"空调机"，不叫"冷气机"。或许是因为我们用冷气这个名词用习惯了，大家直觉吹它就会"冷"，事实上，在使用时不要开到"冷"，只开到"不热"，不是很好吗？

在国外把"冷气"称为空调的意思是：用空调开关将室内的温度设定在一定的范围之内，天气太热时会自动送出冷气，天气太冷会自动送出暖气，就像目前各大医院婴儿室内温度的自动控制一样，让婴儿一直保持在稳定又舒适的环境下。大家不会因为医院的婴儿室内夏天开冷气，就说每一个宝宝都会感冒吧！

26 ~ 28℃是最适合的温度

小朋友能不能吹冷气呢？另一个重点是，冷气的使用方式不能直吹，绝对不要将冷气的风口对着人吹，更不要直接对着小宝宝。正确的使用方法是把风口向上或向旁边，到人的身体上时已经感觉不到有风在吹了。如果小宝宝床上的温度保持在26 ~ 28℃，是绝对不会着凉的。

注意睡眠时的温度调节

比较要注意的是，宝宝在睡觉时冷气温度的调节：宝宝刚上床入睡时，可能因为活动刚停止，身体比较热，甚至有些出汗，这时候冷气的温度可以调得较低，大约在25℃。

宝宝睡熟以后，身体的体温会逐渐降低，到了后半夜时气温也较凉爽，这时候可以把冷气关掉，或把温度调整到27 ~ 28℃，不然就要把宝宝的身体用被子稍微盖一下。

宝宝趴着睡还是仰着睡比较好，各种说法并不一致。目前主张仰着睡的比较多，主要是因为根据统计，趴睡的宝宝容易发生"婴儿猝死症"，也可能闷住口鼻造成窒息，造成意外死亡的机会比较高。

趴睡好还是仰睡好？

关于趴睡

▶ **很少有宝宝会闷到口鼻**：但是实际上如果多观察一些小婴儿，就可以发现即使在刚出生的前一两天，正常的宝宝在趴着睡即使压到口鼻时，还是有能力自己转动头部来调整姿势，甚至于会哭得很大声，吸引大人注意。实际上，很少看到宝宝趴着睡自己闷到口鼻却会不挣扎的。

▶ **正常的宝宝趴睡无妨**：单纯的趴着睡并非是造成婴儿猝死症的"唯一"原因。那些会发生窒息而突然死亡的宝宝，通常还合并有其他潜在原因，如患有上呼吸道感染、不明显的心脏或脑部发育不成熟问题……如果宝宝各方面都很正常，医学上就并不禁止宝宝趴睡。

关于仰睡

▶ **头型不好看？** 民间还有一种说法：怕仰着睡时间久了会使头的后部太扁平，头型不好看，也建议要多趴着睡。这一点在医学上也不是绝对的，因为即使仰着睡，宝宝也不是头部一直固定不动的，头的局部扁平的机会不多。

▶ **常吐奶的宝宝不适宜？** 仰着睡绝对对小婴儿比较好吗？这也不一定，在有些情形下反而要建议让宝宝趴着睡，如在宝宝有呕吐现象的时候：有的宝宝的特性比较容易溢奶，另外，有的宝宝可能有些胀气或肠胃炎，这些都会使呕吐的情形增加。

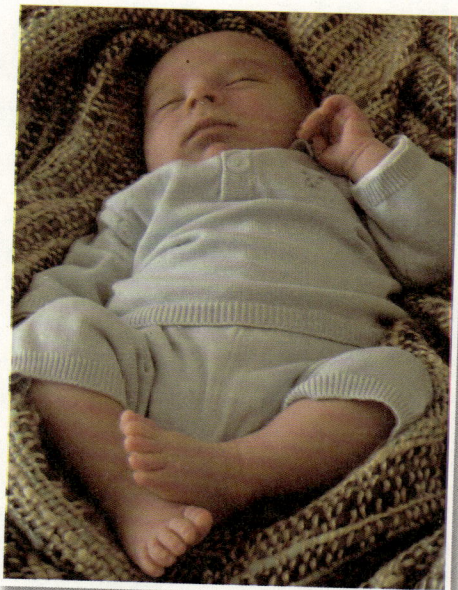

发生呕吐的时候如果宝宝是仰着睡，吐出来的奶可能会呛到充满整个口腔及鼻腔，容易造成窒息或吸入性肺炎。所以，医学建议，如果一天呕吐两次以上，则宝宝还是趴着睡比较安全，这可以使吐出来的奶不至于阻塞到口鼻。

睡得舒服、安稳最重要

也有人认为用大毛巾垫高宝宝的背部一侧，让宝宝侧着睡比较安全，医学也不反对。

正常的宝宝只要睡得舒服安稳，家长能适当地观察照顾，则任何姿势都可以，任何姿势都不是绝对的好或坏，顺其自然就可以了。

宝宝夜哭怎么办？

许多带过小婴儿的老人家都会有这种经验：宝宝夜里突然惊醒，急切地哭个不停，好像被吓到一样。父母也会因此而手足无措，甚至带宝宝去"收惊"，但是第二天起来，宝宝却又好好的。

这种现象在国内外都很常见，其原因很多，若排除与生病有关的情形（例如，罹患感冒、鼻塞、肠阻塞、肠套叠，甚至是尿布湿了……），大致的原因可以归类如下：

环境因素

环境太热、太冷、太亮、太吵、尿布太湿，甚至频繁的换床，没有让宝宝在固定的床上睡眠，或者环境的改变，如旅行，都可能造成宝宝的睡眠问题。

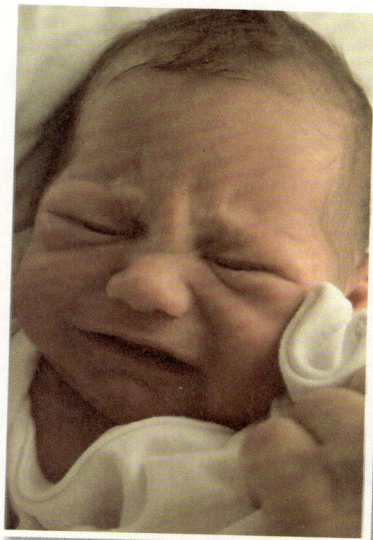

天生气质

每个婴儿生下来都有其独特的天生气质，有的很安静，有的则是"磨娘精型"非常吵，夜间比较会哭闹。这些特质在出生的时候就有明显的不同。遇到磨娘精型的宝宝，父母会比较辛苦，必须用更多的爱心、耐心去面对。

肚子胀气

这是相当常见的原因。可能因为奶嘴孔的大小不适当、母亲喂奶的技巧不好、拍气的方法不对……造成宝宝在夜里胀气、疼痛而哭闹；隔一段时间后，待肚子里的胀气舒缓了，痛也消了，自然就不哭了。

所以医师常建议父母用手掌按摩宝宝的肚子；老一辈的婆婆妈妈也会要媳妇把白花油、红花油、万金油等擦在宝宝肚子上；有些父母则是抱着宝宝用力地摇呀摇；或是抱到附近街道走一走，或去庙里收个惊，宝宝好像就不哭了。这些动作都具有相同的意义 —— 舒缓宝宝的胀气。

最近，美国有一篇报导指出，有厂商设计了一款婴儿的汽车椅，椅子前面有个小枕头可以压在宝宝肚子上，宝宝夜里哭不停的时候，把他放在车上，载出去兜一圈，回来就好了。其意义也是按摩肚子，舒解宝宝的胀气。

情绪不安

▶ **受到惊吓**：不可否认的，突如其来的鞭炮声，的确会使宝宝受到惊吓而情绪不安。宝宝虽然小也是有情绪性的反应，如果你在宝宝床边对着刚出生没有几天的他扮笑脸，他也会时常跟着笑；如果你用很凶的表情吓他，他也会跟着皱眉头甚至哭泣。所以，情绪受惊吓也是宝宝不安的原因之一，民俗的说法就是宝宝被吓到了。

▶ **父母争吵**：此外，父母亲的情绪问题，例如争吵、工作压力、焦虑、烦恼等，都会直接影响宝宝的情绪，宝宝也会因为家中的气氛、父母的关系紧张而感到不安，间接出现哭闹反应，尤其五六个月以上开始与父母互动频繁的较大宝宝。

▶ **过度依赖父母**：对于容易半夜哭闹的宝宝，如果父母与其同睡，或为了安抚他而额外给予喂食，就将加重宝宝的依赖感，使其夜间哭闹的行为变本加厉。

习惯性的哭

国外统计，发生虐待儿童最常见的原因之一，即一两岁大的宝宝夜里哭个不停，吵得父母第二天没有精神上班，此时，耐心不够的父母就会出现虐待儿童的动作。

▶ **白天睡太多：**通常这类宝宝在白天多半是由保姆照顾，保姆为了照顾方便让他在白天睡太多，以至于到了晚上出现"众人皆睡我独醒"的状况，不爱困，又没有人陪他，宝宝自然吵个不停。

▶ **养成半夜醒来的习惯：**另外一种情况则与"生理时钟"有关。例如，一般人如果每天早上6点钟起床，习惯了就是没有闹钟也会自己醒。同样的，宝宝也有这种现象，如果他每天夜里3点、5点各醒一次，醒了以后会吵半个小时，刚开始几天父母还能忍耐，便起来安抚他，渐渐地宝宝于是养成"定时醒来"的坏习惯，当父母太累而受不了的时候，就会出现打小孩的情形。

▶ **处理方法：**

1.减少宝宝白天睡眠的时间，将睡眠移到夜里。

2.在宝宝半夜哭的时候不要抱他摇他，以免养成一定要抱的坏习惯。

3.当然最好找医生检查一下，确定他没有任何疾病。

半夜睡不好很正常

当宝宝夜间不哭不闹，并不表示他们整夜安眠。

根据统计，9个月大的婴儿只有16%睡到天亮，其余的84%在夜间某时段都曾醒来，只是有的并不哭闹，也不会吵醒家人。

婴儿睡眠的周期会受其身体的情形以及外在各种环境因素的影响。成长过程中，宝宝自然会调整他的睡眠状况。

做噩梦、发出似笑似哭的声音，是每个正常婴儿都会发生的，不必太担心。

第3章

新生儿
常见生理
状况

哭到不能呼吸闭气症候群

有些两三个月大到两三岁之间的宝宝，哭的时候常会出现哭到不能呼吸，脸色发紫，嘴唇发白，甚至真的失去知觉，身体向后仰，发生抽筋现象。父母常被吓坏了，还以为宝宝是心脏病或癫痫发作。检查的时候会发现宝宝真的有呼吸变慢的现象。

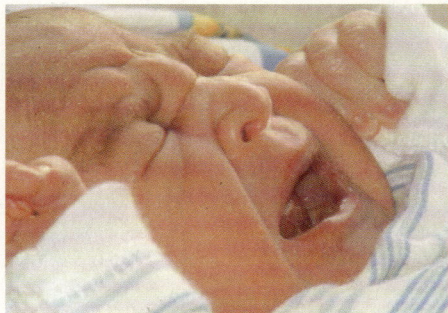

较大宝宝——心理不平衡

一般医学上通常解释为，可能父母的态度比较严厉，或对上面较大的兄弟姐妹比较宠爱，引起宝宝心理不平衡而大发脾气的一种现象。

较小宝宝——个性直、脾气坏

但是这种解释对于八九个月大年龄以下的宝宝很难成立，因为宝宝还太小，不能了解到周遭的人际关系。所以在实际上只能说，这是宝宝个性不同所表现出来的一种现象，或者可以说这一类的宝宝比较直性子、坏脾气。

非疾病，无不良影响

医学认为这种"哭到会不能呼吸的现象"不是一种疾病，当经过检查也没有其他的原因时，医师大多部分都会向父母做一些解释，说明这个宝宝以后一定还会反复发生相同现象，但是父母不用太担心，一般在哭到不能呼吸以后，最慢三五分钟之内宝宝就会自行换过气来，恢复正常，短暂的不呼吸不会损伤到脑细胞或造成任何后遗症。

懂事后就会慢慢改善

家中有兄弟姐妹的家庭，如果在宝宝的年龄到了一岁左右慢慢懂事的时候，父母要在子女间尽量保持一种平衡的心态，不要对兄弟姐妹在态度上有所偏心，忽视了宝宝；也不要因为宝宝容易哭闹就特别迁就他，让他将来变成一个被宠坏的小孩。

这种现象一般到了三四岁，慢慢懂事以后，就不会再发生了。

婴儿猝死症候群

婴儿猝死症是指婴儿突然且无法预期的死亡，是最引起父母震撼及法律纠纷的问题，其原因至今仍不明确。婴儿猝死症多半在睡眠中发生，即使在事后的尸体解剖检查中，也找不到其真正致死的原因。

在台湾此症候群的发生率约一千个幼儿有2～3个。目前医学已知和此现象相关的因素有：

趴睡较仰睡容易发生

▶ **头部太重**：婴儿的颈部肌肉较弱，不易控制头部转动，加上其头部相对于身体比较重大，万一口鼻被外物掩盖时，不容易靠自己的力量把脸移开，或奋力挣扎哭喊；就算有也是很短暂微弱，大人亦不见得能及时发觉。只要2～3分钟的呼吸困难，宝宝就会全身瘫软无力而呼吸停止。

▶ **睡得太沉**：趴睡的宝宝通常睡得比较安稳而深沉，肢体动作较少，所以容易忘记呼吸及挣扎，逐步迈向窒息及死亡，所以正常幼儿最好是侧卧或平躺。

早产儿和低体重儿较易发生

早产儿的各个器官皆不成熟，尤其是对维持生命最重要的大脑神经、心脏肺脏的功能耐力、肺部及呼吸道结构、气体交换的呼吸作用等等，皆不健全，有可能因莫名的原因而突然的不呼吸，或呼吸道被分泌物阻塞而无力气挣扎反抗，最后在终于缺氧状况下就步向死亡了。

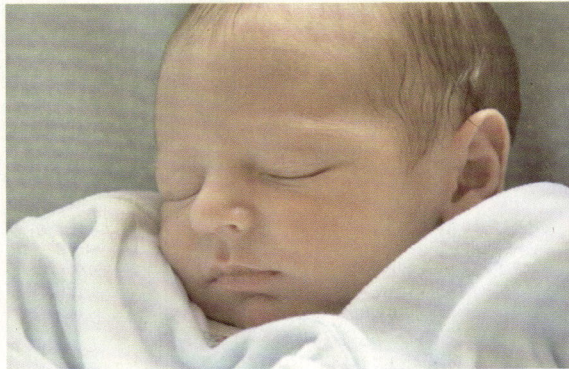

凌晨较易发生

大部分婴儿死亡是发生在午夜及清晨之间，所以被认为与睡眠有关。通常宝宝在凌晨时睡得最熟，此时上呼吸道（咽喉及舌头）的肌肉放松、塌陷、狭窄，以致阻塞，此时呼吸阻力变大，易发生窒息。

吃母乳的宝宝较少发生

可能与母乳内含有某些保护因子、不易感染疾病、较少产生过敏反应有关。

家族遗传与心脏病

· 家族中有猝死症病史者，较易发生。
· 有心脏病者，可能与成人心脏病的突发死亡有类似关系。

防患于未然

总之，"婴儿猝死症"是像迷雾样的突发危及宝宝性命的事件，可能是多重因素的结果，一般民众及司法人员对它并不了解，认为是保姆过失、虐待宝宝、医师误诊，或吃错药物，或一针毙命等等，常会造成医患间的争执及伤害。

防患于未然，才是保护孩子生命最明智的做法。

鼻塞、流鼻涕

不论是从医学上还是生物化学上来看，不同种类动物的习性、特质都不一样，宝宝在第一和第二个月大的时候，常会有鼻塞的现象，最主要是因为婴幼儿的上呼吸道管腔较狭窄，其结构关系亦与成人不同，鼻孔后的通道直接向着气管的开口，用鼻子呼吸要较用口腔呼吸来得顺畅且不费力，所以婴幼儿大部分都是闭着嘴由鼻孔呼吸，以进行空气的交换。

由于小婴儿在两个月大以前，只会用鼻子呼吸，日后才慢慢学会用口腔呼吸，所以鼻塞时会比较难过。

造成鼻塞、流鼻涕的原因

▶ **鼻腔狭窄**：婴儿经常会出现流鼻涕、鼻塞、打喷嚏的现象，这是因为婴儿鼻腔非常狭窄，鼻窦尚未发育成熟，鼻腔黏膜又特别敏感的缘故。所以，在打过喷嚏、接触到冷空气或哭过以后，常常会流鼻涕和鼻塞。再加上婴儿的鼻黏膜和大人一样，每天都会有正常量的分泌物，有时会干燥变硬变成鼻屎块，阻塞住婴儿狭窄的鼻腔，伴随每次的呼吸，因而造成小婴儿会发出"哽哽"的鼻塞声。

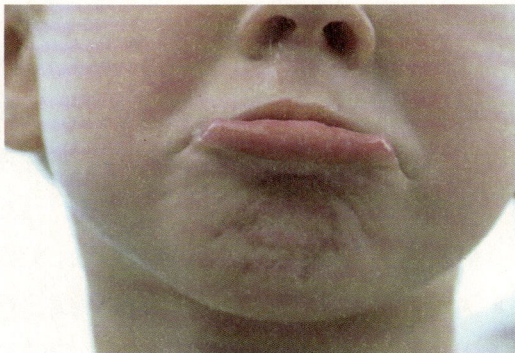

▶ **空气冰冷、干燥**：天气冷比较容易鼻塞，主要是因为冰冷的空气吸进鼻腔后，会加速鼻腔黏膜的循环，造成"鼻甲"部位的黏膜充血肿胀，此生理作用会迅速提升进入肺部空气的温度，但是当鼻甲的黏膜一肿胀，却又会使得鼻道更狭小、鼻塞得更厉害。相反地，如果吸入的是温暖潮湿水汽，则有助于解除鼻塞。

　　有些父母本身非常怕热，所以整晚使用空调，然而如果冷气太强，使得室温偏低，就会造成宝宝严重鼻塞。有些家庭则彻夜用除湿机除湿，把空气变得太干燥了，敏感一点的小婴儿，或是上呼吸道有点感染的宝宝，就很容易因鼻塞而睡不好。

如何解除婴儿鼻塞的症状？

　　宝宝鼻塞呼吸困难，不只睡不好、容易哭闹，吃奶时也会有困难，进而影响食欲。这时候，妈妈可以用以下方法来缓解宝宝的鼻塞症状：

· 用热毛巾敷着宝宝的鼻子。

· 将婴儿用棉花棒沾点婴儿油，轻轻地把鼻屎块和鼻涕擦干净。

· 市面上卖的吸鼻涕器也可以试着使用，但是水滴型的吸鼻涕器时常因为前端太大，使用起来不方便。

· 如果宝宝鼻塞得太严重，父母无法处理，则可以请医师帮忙。

严重鼻塞时，怎么办？

▶ **热敷鼻子**：严重鼻塞时，可以先用湿热的毛巾敷在宝宝鼻子上，鼻黏膜遇热收缩后，鼻腔会比较通畅，同时黏稠的鼻涕亦容易水化流出。

▶ **热敷鼻子**：有时候医生会建议让宝宝吸一点潮湿的水蒸气，效果会更好。妈妈可以将浴缸放满热水使整个浴室弥漫着蒸汽，或是用美容用的蒸脸器喷出来的蒸汽，让宝宝先吸3～5分钟，待堆积在内的鼻屎稍微松软后，再予以清除。此方法比光用热毛巾敷鼻子的效果好很多，而且还有化痰的作用。

▶ **鼻滴剂**：临床上，如果鼻塞的程度已严重影响小婴儿的睡眠或食欲时，可以请小儿科医师开一瓶含有轻微血管收缩成分的"鼻滴剂"，在睡前或喂食前15～20分钟，滴一下婴儿的鼻子，但使用时不要超过4～5天。

▶ **口服药**：口服药有抗组织胺药、伪麻黄碱等药物，对于清除鼻塞也会有帮助。

哪些情况需尽快送医处理？

症　状	症　状　说　明
鼻塞同时有发烧、咳嗽及活力不佳……	表示存在有其他较复杂的问题，如鼻窦炎或肺炎，所以不能掉以轻心。
黄鼻涕	鼻水的颜色由透明清水状转为黄色黏稠状时，表示可能鼻腔中已被细菌或病毒感染而发炎了，甚至化脓，此时就需要医生开些抗生素来治疗。
感觉呼吸吃力及气喘	此状况特别容易在吃奶时发生，因为口腔被奶嘴及食物堵塞住，而鼻腔原本就不通，所以呼吸更加困难，宝宝会表现出烦躁不安、脸色发暗（绀）、鼻翼翕动及胸部凹陷等症状。
连续不断的清鼻涕	绝大多数的幼儿是因鼻过敏或感冒引起的，只需吃药即可。

鼻塞、流鼻涕

室内温度与湿度建议

最适合居家的温度在24～28℃，室内外的温差不可太大。

湿度最好控制在55%～65%，太干或太湿也会造成呼吸道的不适。

所以，冬天用暖气时室内至少要放一盆水，或选购能够加水的电热器，使在室内的人们喉咙、气管不至于太干燥。

注意！不要"抽吸鼻子"

一般来说，婴幼儿的鼻腔脆弱狭窄，治疗中又很不合作，吸鼻子使用的橡皮管通常有0.35厘米粗，抽吸之间，吸力大时容易伤到黏膜，抽出血丝会使得黏膜更红肿，也可能增加感染的机会，所以不建议使用抽吸鼻子的方式治疗。

泪水流不停或眼屎多

正常人的眼睛会不断地自动分泌泪水，使眼睛表面保持湿润，所分泌出的泪水是由眼睛内角内眦细细的一条鼻泪管流到鼻腔内。所以大家都知道，人在哭的时候，泪水会由鼻子流出来。

鼻泪管还未发育成熟

刚出生的宝宝，鼻泪管还没有发育好，相当细，泪水不易通过，所以泪水集在眼睛里面，看起来泪汪汪的，有的时候泪水干在眼睛内，就形成很多的眼屎。这一种鼻泪管不通最常见于单侧一只眼睛。

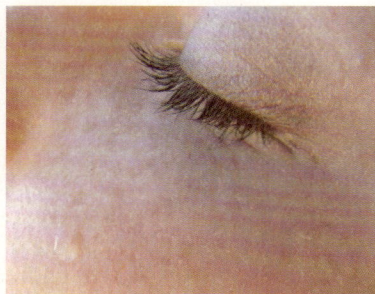

通常一岁以前会自行改善

一般在一岁左右鼻泪管会自然通畅，因此，一岁以前只要用手多按摩宝宝的鼻梁两侧，使下面的鼻泪管尽量畅通就可以了。若超过一岁（甚至两岁）以上还有此情况存在，才考虑由眼科医师用通条把鼻泪管撑开。

脖子歪歪的—斜颈

斜颈俗称"歪脖子"，其主要的病变在于颈部两侧的"胸锁乳突肌"发生纤维化所致。

"臀位产"发生率较高

发生胸锁乳突肌变化的原因至今还不是很清楚，可能是胎位的关系，或与臀位生产有关。目前，只知臀位生产者较多此现象，其发生率在外国统计，约1千位新生儿中就有4位，不一定是生产时拉伤所致；许多父母未查明原因便怪罪产科医师，实在是错怪他们了。

症状与影响

父母通常在宝宝出生一周后，发现其颈部有一硬块，使得宝宝的头常倾向一侧，长时间下来，头盖骨变形，而且脸部发育不对称，有时甚至会造成斜视的情形，若不治疗，长大常会因此受人取笑，进而影响心理健康。

早期物理治疗，几可痊愈

此种"歪脖子"的情形，若能及早给予物理治疗，则大部分都会痊愈。

斜颈的物理治疗法
▶以各种运动来拉长此一变性肌肉。
▶父母用双手把婴儿的下颚转向病变侧的肩膀，动作要柔和，一天数次，一次数分钟的运动。
▶把一天数次的喂奶方向加以调整，引诱宝宝的头转向患侧。
▶调整婴儿床头方向，因为宝宝总是习惯把头朝向有人走动、灯光、有声音的方向。

生产拉伤造成的斜颈

如果是因为生产时拉伤肌肉造成的斜颈，物理治疗效果很好，而且愈早治疗，效果愈好，但是必须在发现斜颈时就开始做，大部分在6个月之内，头就会很自然转动，不会歪一边。

如果超过6个月大，宝宝的头还是老歪一边的话，则须考虑外科手术治疗。手术不会很复杂，只要把变性的肌肉切除。

另一种情况

有些宝宝的情况是，虽然有硬块存在，头却没有歪向一侧，且硬块会随着年龄的增长而渐渐消失，此时父母无须担心。

气管有痰气管软化症

有些宝宝出生后，不论有没有生病，气管里总是有痰，声音"呼噜呼噜"地不停，父母非常担心，可能找了许多医生，也治不好。

气管软化症

最常见的原因是宝宝的气管还没有发育好，容易在吸气的时候塌陷造成呼吸不顺，常发生在早产儿及唐氏症等婴儿身上，一般正常的宝宝也会偶尔遇到，大约在一岁之前症状都会自行消失。

人类的气管是由一圈一圈的环状软骨音所构成，环状软骨在婴儿期时的硬度较弱，有些宝宝在吸气的时候，气管内可能因为负压而向内塌陷，此时就会发生呼噜呼噜的声音。医学上称此种现象为"气管软化症"，这不是一种病，而是发育期间的一个过程。

通常不需药物治疗

事实上，这种呼噜声即使在气管没有痰的时候也会出现。由于并非"痰"引起的，所以药物的治疗效果非常有限，像是一般的"去痰剂"或"支气管扩张剂"会有部分效果，但是不可能完全治愈。

极 少数会肺部严重塌陷

气管软化症发生的部位有的在主气管，有的则发生在左右支气管的一部分。如果气管软化的情况比较严重，宝宝会出现喘鸣音，或是肺部局部塌陷的现象。医生可以用X光和支气管镜检查确定，只有少部分情形严重者，才需要以手术或支架校正塌陷的气管。

呕吐 胃食道逆流和肥厚性幽门狭窄

胃 食道逆流

▶ **典型症状**：宝宝吃完奶后，用手压迫宝宝的肚子或是变换姿势压到胃时，奶由口中溢出。

▶ **问题出在胃与食道之间**：正常人吃饱东西后，如果把他的脚吊起来，头部朝下，所吃的食物并不会由口中倒流出来，其原因一方面是当我们的胃胀起来的时候，上端会像瓣膜一样压迫住食道，使食物不会倒流回去；另一方面则是因为食道与胃的入口交界处有一圈括约肌，可以防止食物倒流回去。

但是婴儿期的宝宝以上的两种结构都还没有发育好，如果因吃得太多而胃胀，就会出现奶水回流至口中的现象，轻微的就是"溢奶"，比较严重的就是大口奶整个吐出，甚至还会呛到。这些情况在宝宝并不少见，所以宝宝平时容易溢奶或呕吐，要考虑此种可能性。

▶ **只要生长发育正常，通常没有大碍**：如果溢奶的情形不严重，宝宝的生长发育各方面也都正常，亦即溢出的奶量不至于影响到身体对营养的需求时，父母可不用太过担心，不妨从日常生活照顾着手，减少宝宝"胃食道逆流"发生的概率；等到宝宝年龄较大，一岁左右，溢奶或呕吐的情况就会愈来愈见改善。

减少"胃食道逆流"的方法

▶尽量不要喂得太饱。

▶喂完后不要大力摇晃。

▶喂完后不要压宝宝的胃，也不要让他弯着身子勉强坐。

▶把宝宝小床上半躺的部位调高一点，使宝宝躺着时上身较高，奶就比较不会倒流出来。

▶如果溢奶次数较多，可让宝宝趴着睡，以防呛奶窒息。

▶宝宝满两三个月后即可提早在牛奶中加一些麦粉或米粉，使牛奶变得浓稠一点，比较不易发生溢奶或呕吐。

▶ **只有少数情况需要手术治疗：**

当溢奶、呕吐的情形严重到宝宝的体重不太增加，或者宝宝会因而呛奶，进而导致"吸入性肺炎"，则需要请外科医师进行小手术，也就是在食道与胃的交界处做一个人工瓣膜状结构，使奶不再容易逆流而出。不过这种手术实际上很少用到，宝宝多半都能在父母的小心照顾下顺利长大。

肥厚性幽门狭窄

▶ **症状喷射状吐奶：**

· **发生时间：** 有些宝宝出生的时候还好，但是一两个星期之后便逐渐出现"喷射式"的呕吐现象；平均到了3个月大的时候症状最明显，但是也有宝宝延迟到9个月大才出现。

· **发生情形：** 刚开始和一般性的溢奶没两样，但是到后来，情况往往会愈来愈严重，不仅连胆汁都吐出来，甚至还含有鲜血和血块，平常的止吐药根本无效，若不及时处理，宝宝可能因为脱水加上身体内的电解质不平衡，而发生抽筋现象。

当宝宝的呕吐很难控制，且愈来愈重的时候，就要考虑到宝宝是不是有所谓的"肥厚性幽门狭窄"这个问题。

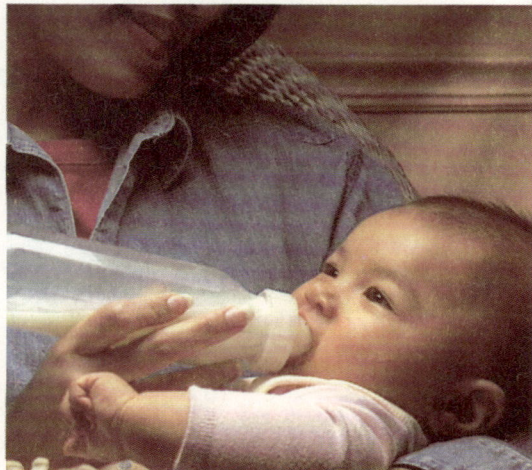

▶ **问题出在胃与十二指肠之间：** 胃的下部与十二指肠交接的地方称为 "幽门"，有些宝宝刚出生的时候还好，渐渐地幽门部分的肌肉变得愈来愈厚，肠道的空间也跟着愈来愈窄，食物通过不易，导致胃胀得满满的，最后由嘴 "喷射而出"。

为什么这些宝宝会出现肥厚性幽门狭窄的现象？目前医学并不是非常了解，可能是这一段肌肉本身病变，或是这一段神经肌肉协调不良所引起，也有人推测是因为对食物过敏。不过，确切的原因至今仍不很清楚，所以预防起来也较不容易。

▶ **触诊或腹部超声波诊断：** 还好现在因为这个病并不少见，医学上已经有相当好的经验与诊断方法，有经验的医师可以用手在宝宝的右上腹部直接摸到一个状似橄榄的硬块，再加上标准的呕吐症状，就可以确定了。

若还无法确定，可以用腹部超声波或 X 光诊断。不过，由于进行 X 光检查时，必须让宝宝吞下钡剂，宝宝若呕吐可能会造成吸入性肺炎，比较危险；所以目前各大医院反而是以超声波诊断为主，也比较安全。

▶ **开刀是唯一的治疗方式：** 唯一的治疗方法是用手术开刀治疗，手术很简单，只需切开肥厚部分的肌肉层，但是不动肠子的内壁黏膜。手术后 8 ～ 12 小时就可以逐渐恢复喂食。手术危险性很低，父母不用担心。

早期诊断，及时治疗

宝宝呕吐是一个常见的问题，必须仔细分辨是一般的胀气、胃炎、过度喂食、其他感染，或脑部的问题等。但是不可以忽略了像 "肥厚性幽门狭窄" 这种能早期诊断、及时治疗的情形，父母们也要有基本的常识。

疝气—肚脐疝气和腹股沟疝气

肚脐疝气

▶ **原　因**：疝气一般亦称为"脱肠"，肚脐疝气是肚脐处有明显的凸出现象，用手按可感觉到里面有肠子存在，此种现象在婴儿相当常见，原因是肚脐处的腹壁有缺损，使腹内脏器鼓出。

▶ **典型症状**：婴儿哭闹和用力时肚脐会明显鼓出，轻轻一压即可将鼓出的内容物（通常是肠道）推回腹腔内；当疝气的内容物退回腹内时，覆盖肚脐的皮肤则变得松松的。

▶ **大多数会自行愈合**：随着小孩长高，身体变长，绝大部分肚脐处的腹壁缺损会自行愈合，嵌顿（肠子卡在疝孔的区域，发生缺血坏死）的概率很少，所以大都不必手术。

若两岁尚未愈合，或缺损直径大于2厘米，或病人因各种原因腹压升高，则自行愈合机会少，可采用手术修补的方法。

腹股沟疝气

▶ **原　因**：腹股沟疝气是因为腹膜鞘状突的构造关闭不全时会形成一个疝气袋疝囊，此疝气袋会与腹腔相通，使腹腔内的水分、网膜或肠子由此进入此疝气袋，而在腹股沟或阴囊形成突出的肿块。

▶ **典型症状**：其发生率男孩约百分之一，女孩约千分之一，往往在宝宝哭闹、运动或站起来时，咳嗽用力时膨胀突出特别明显，而在安静时或平卧时即消失。

▶ **手术治疗**：腹股沟疝气的宝宝往往会因为疼痛而较显得不安与哭闹。如果腹腔内的肠子嵌入疝气袋内，而不能回复至腹腔内，有时会引起肠阻塞，因而引起腹痛。因此，6个月以上的宝宝仍有此种状况者，均应手术治疗。

阴囊积水

　　这是因为包在睾丸外的一层"白膜（Tunicavaginalis）"下聚集了一些来自腹腔中的液体，如果液体的量大，阴囊就会明显胀大，用灯光照射可以看见阴囊中是透明的水分（如果阴囊中是疝气，则不透光）这种现象大约在一岁前消失，超过一岁以上则需手术治疗。

隐睾症

　　正常的睾丸大约在胎儿期第7个月，便由腹腔内逐渐经由腹股沟下降到阴囊内；如果在阴囊中正常睾丸的位置找不到睾丸，则称之为"隐睾症"。

如何判断

　　睾丸遇冷时则会自动向上收缩，是一种自然的生理现象。如果找不到睾丸，就可以泡在40℃的温水中。睾丸若会下来就不是隐睾症。

需手术治疗

　　隐睾症不治疗的坏处是可能会不孕，或恶化成睾丸癌，同时合并有疝气的存在以及睾丸在不正常的位置容易扭曲坏死，如果年龄到一岁睾丸仍然未降下来，则不可能再自动降下，需要治疗。

　　手术治疗隐睾症时，在手术前先使用荷尔蒙疗法，也可以使手术更容易

哪些宝宝容易发生隐睾症?

足月产的宝宝只有0.7%出现隐睾症，愈早产的宝宝发生的比例愈高：
· 出生体重在900克以下的早产儿全部都是隐睾症；
· 出生体重在2 000～2 500克的早产儿有70%是隐睾症。

小鸡鸡太小？——隐藏式阴茎

　　有些宝宝的小鸡鸡看起来很短、很小，甚至埋在包皮下看不太到，这种情形称为"隐藏式阴茎"。

肥胖所致

　　有些小朋友出生后小鸡鸡看起来特别小，甚至小到像花生米一样，父母时常为此很烦恼。这种情形尤其时常发生在比较胖的宝宝，因为宝宝胖，皮下脂肪厚，所以外观上，有一大截小鸡鸡就埋在皮下，无法像一般男宝宝能正常看到。

▶ **随着身高拉长，将有所改观：**检查时，一定要用手把厚厚的脂肪往下按，才可以看得到小鸡鸡的长度到底有多长。如果按下去以后，看到小鸡鸡的长度够，那就没有关系，可以暂时不理它，因为大部分的宝宝在出生后的前6个月是胖胖的；等到6个月以后，随着身高拉长，身材看起来就不会那么胖，这时候小鸡鸡露在外面的部分将大为增加，看起来就不会那么小了。

包皮太短所致

　　但是如果压下去检查时仍然发现里面那一段的小鸡鸡真的很短，就要考虑到不是单纯肥胖的影响，而是小鸡鸡的发育真的有问题。

　　当然小鸡鸡太小的问题也可以发生在不胖的宝宝，此时造成小鸡鸡太小的主要原因常是包皮的长度不对：通常是由于包皮太短，整个阴茎被束缚在里面无法正常的发育，这时候包皮与阴茎之间的固定也时常不正常，包皮无法正常地贴紧阴茎，前面的开口太小，阴茎顶着包皮就像撑伞一样。

▶ **看情况决定是否手术**：此种情形则要看未来发育的变化来决定是否需要用手术治疗。比较轻微的，可能等年长一点就会改善。较严重者，通常不会随年龄而有所改善，必须早期开刀处理，使小鸡鸡的发育能恢复正常。因为生殖器外观异常，也可能会影响小朋友的心理，有些会因此产生自卑感或未来出现心理障碍。

▶ **需手术者，2岁是适合的时机**：开刀的适合年龄也与严重程度有关，较严重者，如果要手术，早一点会比较好，2岁左右就可以手术了。如过了青春期才手术，有时会因为阴茎长期没有发育，包皮也不长，包皮的皮肤不够，需要补皮，就麻烦多了，效果也较差。

隐藏式阴茎

因包皮太短造成的隐藏式阴茎，还会造成……
这种隐藏式阴茎除了外观有异常外，小便时会因为包皮开口太窄，而解尿时会有前面包皮明显膨胀突出的现象；部分儿童会有小便疼痛、尿路感染等症状。

要不要割包皮？

宝宝要不要割包皮

包皮是宝宝出生的正常现象。在20世纪早期至中期，犹太人的妇女很少得子宫颈癌，推究其原因，可能与犹太男子出生后都行割礼有关，也就是大家所说的割包皮。于是有人就联想到，应该是割包皮的男子比较干净，结婚后，妇女的子宫颈不易受污染而发生子宫颈癌，所以全世界就兴起了一阵风潮——小男孩出生后都要割包皮。

但是经过数十年观察后，发现其他割包皮的人，并不像犹太人一样，妇女子宫颈癌的发生率有减少的现象。人们于是才逐渐了解，子宫颈癌减少的原因可能与人种及生活方式有关，并不单纯是因为割包皮的缘故。

不割包皮的好处

· 包皮对小鸡鸡的前面本来就具有保护作用。
· 包皮可以减少阴茎前面龟头的部分受到衣服等的摩擦。
· 若未来有任何需要植皮的外伤，包皮是很好的植皮来源。

龟头会自然露出

正常的绝大部分小朋友到十二三岁青春期开始发育以后，包皮的前面开口都会逐渐松开，龟头自然会露出来。

造成发炎，才需要割包皮

包皮太紧、太长，开口太小，若造成反复性包皮内部发炎，有脓状物由包皮端开口流出，也会出现红、肿、痛、热的现象，严重者甚至会引起尿道感染；此外，发炎本身也会使包皮口更狭窄。这时候可以考虑割包皮。

割包皮，宝宝痛痛！

以前大家常误以为，刚出生的宝宝还小不怕痛，没有什么痛的感觉，所以医生在宝宝一生下来后，麻药都不上，就用刀子或用机械把包皮"咔"的一声切下来。

现在已知道，宝宝也怕痛，这样做法太残忍，割包皮的宝宝通常有好几天胃口不好，体重不增加，就是最明显的事实。

第 **4** 章

关于预防 注射

预防注射

　　愈来愈多的预防针（疫苗）让家长们眼花缭乱，有些是传统的，有些是近年来不断新增的，有些疫苗甚至一般人连听都没有听过；但是不可否认的，在打过这些预防针后，很多以往小朋友会得的病，现在则很少人得了。

预防注射使许多传染病绝迹

　　记得大约20年以前，在小儿科门诊看病时还不断地可以看到有很多麻疹、腮腺炎之类的疾病。那时候的家长，甚至于还流传一种观念：麻疹要"出"身体才会比较好。于是很多乡村的家长坚持不让小朋友打麻疹预防针。

　　现在这种观念已经改过来，宝宝都打预防针，小朋友再也不会因为得麻疹而发烧、咳嗽，甚至住院一个星期了。较年轻的小儿科医师甚至没有看过什么是麻疹，改变之大，可想而知。

免费接种的疫苗

　　在此，将标准的预防注射时间表附在后页。

　　有些新近开发的疫苗未列入表中，虽然站在保护下一代健康的立场，仍然建议家长在能力所及的范围内，及早为小宝宝接种。

　　例如：有些疾病像"轮状病毒所引起的肠胃炎"，每年冬季都造成相当多的小朋友严重呕吐及泻肚子，是冬天小朋友住院最常见的原因之一。在全世界落后国家甚至造成每年数以万计的幼儿死亡，而且不论在都市或乡村，小朋友在三五岁之内都很容易被这种病毒感染到，因为轮状病毒是可以借由空气而感染，可以说是防不胜防。

　　现在轮状病毒有了疫苗，小朋友接种后就大大地减少肠胃炎的机会，若能够及早打疫苗预防，是绝对值得的，只是每一剂超过425元人民币的费用，对许多家庭是一大负担。

肺炎链球菌疫苗也是另外一个例子，2009年令人闻之色变的H1N1型流行性感冒造成一些人死亡，但是如果患者仅仅感染H1N1病毒，时常还不至于造成死亡，而是这些感染H1N1患者的肺部又再被肺炎链球菌侵入，形成更严重的肺病而致命。

一般而言，在医学上，肺炎链球菌侵犯的对象，最常见的是一些身体弱、感冒或年老的人，而任何人都会有感冒、体弱或年老的时候，现在有疫苗可用，也是健康的另一种保障。

自2010年3月份起，五合一疫苗开始取代了旧型副作用较多的三合一疫苗，列入正常的常规预防注射，一共注射4剂，民众可以省下1 274元人民币的费用，希望将来能够把肺炎链球菌疫苗、轮状病毒疫苗，甚至子宫颈癌疫苗都列入免费疫苗之内。

不同疫苗会引起不同症状

不同疫苗在施打过后会产生不同的症状，有的是局部红肿，有些则可能引起发烧，父母担忧的问题和照顾宝宝的方式也不尽相同，以下将针对宝宝出生后及长大将注射的各种疫苗加以说明，也包括一些注射后可能产生的副作用及照顾上的重点。

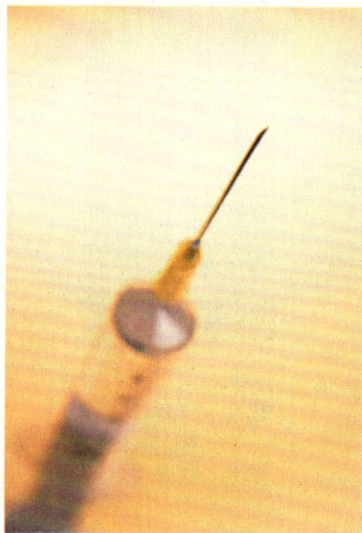

预防注射时间表

适合接种年龄	接种疫苗种类	
出生24小时内	B型肝炎免疫球蛋白	一剂
出生满24小时以后	卡介苗	一剂
出生满3~5天	B型肝炎疫苗	第一剂
出生满1个月	B型肝炎疫苗	第二剂
出生满2个月	五合一疫苗	第一剂
	轮状病毒口服疫苗	
	肺炎链球菌疫苗	
出生满4个月	五合一疫苗	第二剂
	轮状病毒口服疫苗	
	肺炎双球菌疫苗	
出生满6个月	五合一疫苗	第三剂
	B型肝炎疫苗	
	轮状病毒口服疫苗	
出生满1岁	水痘疫苗（12~15个月）	一剂
	A甲型肝炎疫苗	
出生满1年3个月	麻疹、腮腺炎、德国麻疹风疹混合疫苗（12~15个月）	第一剂
	日本脑炎疫苗（每年3~5月注射）	第一剂
	肺炎双球菌疫苗（12~15个月）	第四剂
	日本脑炎疫苗（隔两周注射第2剂）	第一剂
出生满1年6个月	五合一疫苗	第四剂
	A型肝炎疫苗	第二剂
出生满2年3个月	日本脑炎疫苗	第三剂
小学一年级	破伤风减量及白喉混合疫苗	追加
	小儿麻痹疫苗（口服或注射）	追加
	卡介苗	普查测验
	麻疹、腮腺炎、德国麻疹混合疫苗	追加
初中三年级	德国麻疹疫苗	追加

预防注射问与答

Q：哪些情况不适合打预防针？

A：·轻微的感冒"不妨碍"预防注射。

·如果所服的药品中有类固醇、免疫抑制剂或抗生素时，不宜注射"细菌性疫苗"（例如：传统式的第一代三合一疫苗）。

·有过抽筋的宝宝，一年之内不适合打三合一疫苗；一年后经医师检查没有问题再接受注射，而且注射后要立刻给予退烧药。

·有重度湿疹的小朋友，不适合接种卡介苗。

·有肠胃炎的小朋友，不宜接受口服小儿麻痹疫苗，因为怕吐掉或泻掉，影响疫苗的效果，可以改用新的注射型小儿麻痹疫苗。

许多医生不愿意在小朋友有任何疾病的时候注射疫苗，也是考虑到如果疫苗有任何反应（如发烧），怕会与原来生的病分辨不清楚，影响对病情变化的判断。

另一方面也是因为任何生病的期间都是人体免疫能力较差的时候，给予疫苗后宝宝体内抗体的形成不好，效果会大打折扣，所以不建议这时候注射。

Q：预防注射百分之百有效吗？

A：预防注射不是百分之百有效，一般只有80%～90%的效果，而且时间愈久，效果愈益递减，所以例如三合一疫苗、日本脑炎疫苗、B型肝炎疫苗都需要反复加强注射，德国麻疹疫苗也要求在16岁以前要加强一剂。

在医学的原则上，一种疫苗若能够保护大多数的人就值得推行，疾病也就不容易蔓延。所以有的人注射过麻疹疫苗以后还会得麻疹、注射过水痘疫苗之后仍会得水痘，但是一般比没有打疫苗者为轻。

Q：注射一次，预防的效果能维持多久？

A：疫苗效果能够维持多久与疫苗的种类有关。疫苗可分为"活性"与"无活性"两大类，活性疫苗是将病毒减毒后加以稀释，使其不具致病性，但是仍有感染性，将其做成疫苗，此种疫苗注射后的效果可维持较久。口服小儿麻痹疫苗、麻疹疫苗、德国麻疹疫苗、腮腺炎疫苗和卡介苗均属于活性疫苗。

由于仍有感染性，对某些体弱、身体免疫功能不良的人（例如：有先天性免疫功能不良症或接受类固醇治疗的人），仍然有致病性。

无活化疫苗不具感染性，需要反复注射才能维持其有效性，例如：三合一疫苗、日本脑炎疫苗、B型肝炎疫苗等即属这类疫苗。

卡介苗

卡介苗能预防"结核杆菌"感染所引起的疾病，在台湾结核病的控制并不好，至今结核病仍是我们的前十大死因，当然这中间涉及患者未能连续用药以致影响药效，以及隔离患者的工作做得不好等种种原因。在这种流行率仍未降低的情形下，卡介苗的接种仍是需要的。

大多数的欧美国家是不接种卡介苗的，他们不认为结核病的降低与接种卡介苗有关，所以中国人出国留学或移民（尤其美国），是要留意有此点不同的。

预防原理

卡介苗是一种把结核杆菌减毒之后做成的疫苗，这种经过减毒的结核杆菌已经没有什么致病性，注射入人体后不会造成生病，但是可以使我们人体将来对真正有致病性的结核菌产生抵抗力。

注射后的反应

· 一般在出生满24小时后注射一剂，注射后在7～10天内会出现红色小结节，继而变大化脓。

· 6～8周以后形成溃疡，溃疡的中心有类似奶酪的脓块，这不是一般的发炎，不需要找医师用消炎药治疗或清理。

· 一般在10～12周左右会结疤。一年后疤痕转变为皮肤色或白色。

疤痕普查

到了小学一年级时会再做一次疤痕普查，那时候也会做一次结核菌素试验，如果没有种卡介苗的疤痕，或者是疤痕过小且结核菌素试验呈阴性反应者，则必须再接种一次卡介苗。

欧美人不打卡介苗

欧美各国由于结核病的防治做得很好，所以宝宝出生后不需接种卡介苗，但是他们对于外来的人口，如留学生、移民等一定要做"结核菌素试验（Tuberculin Test）"，以判定其是否感染结核菌。如果试验的结果呈阳性（阳性又分为＋、＋＋、＋＋＋），他们会再要求做进一步的X光检查，且至少要吃6个月的抗结核病药物。

但是，来自中国的人在一出生就打过卡介苗，而卡介苗本身就是一种减毒的结核杆菌，一旦打过卡介苗再做结核菌素试验，一定会呈现阳性反应。所以有些人出国留学就会遇到此种困扰，被误会可能有结核菌感染，除了被要求服药治疗之外，甚至还不准立刻入学。

幸好现在大部分的学校已了解中国学生的情况而不再刁难，但是仍建议国内医生在为留学生开具预防注射证明的时候，不要漏掉卡介苗这一项，以减少不必要的困扰。

卡介苗问与答

Q&A

Q： 注射卡介苗后，会在皮肤注射处形成小块溃烂，这一段时间能不能洗澡？局部要不要擦药？

A： · 可以照常洗澡，但是不建议泡澡，也不必局部擦药或包扎，只要保持接种部位的清洁，并避免碰痛注射部位。

· 化脓的部位不可用手压挤，如果有流脓或红肿范围明显扩大，可以找医生看一下。

· 有少部分的宝宝在接种卡介苗后，同侧手臂下的淋巴结出现肿大现象，有这种情形时则需要用药INH100毫克，连续服用6个月。

· 有的宝宝注射卡介苗处的疤痕会变得愈来愈大，而且有痒痛，这种情形医学上称为"蟹足肿（keloid）"，多是因为本身体质问题所形成，应该找医生处理。

Q： 看不到正常反应要补种吗？

A： 如果接种卡介苗后没有看到注射部位有前述的变化，可能是：因为疫苗根本未注射，注射时疫苗未摇匀；少数特殊体质。可以在3个月后做结核菌素试验，若为阴性反应则需重新接种一次。

B型肝炎疫苗

肝硬化及肝癌是中国人的主要死亡原因之一，而造成肝硬化及肝癌的主要原因即是中国人的有太高的B型肝炎带原率。以前中国人的带原率曾经高达20%，至2001年3月，经过近20年的打疫苗防治，对台北市所做的调查仍有12%的带原率。

长期B型肝炎带原会使肝细胞反复慢性发炎而结疤，最后将形成肝硬化或引起肝癌。愈年幼时感染，愈容易演变为慢性带原者，所以早期预防至为重要。

孕妇为带原的传染者时

孕妇如果属于高度危险的传染者，也就是如果验血除了表面抗原阳性外，尚有e抗原阳性；或者是表面抗原的效价太高，大于2 650以上时，均需在宝宝出生24小时内注射一针B型肝炎免疫球蛋白（HBIG），以阻断来自母亲的感染。

但是要注意，如果在美国，其规定是：凡是母亲有B型肝炎带原时，所生的婴儿一律要给予一剂B型肝炎免疫球蛋白（HBIG），此点与我们不同。

B型肝炎疫苗的接种时机

· 第一剂：出生3~5天。
· 第二剂：出生满一个月。
· 第三剂：6个月时。

以下情形不能注射B型肝炎疫苗

· 出生后观察48小时，婴儿有外表活动力或内脏机能欠佳者。
· 早产儿的体重未达2 200克者，要等到出生一个月后或体重超过2 200克即可接种。
· 有窒息、呼吸困难、心脏疾病、严重黄疸（血中胆红素的量大于15mg/mL），或昏迷、抽筋等严重疾病者。

· 有先天畸形或严重的内脏功能问题时。

注射后的反应

现在所使用的B型肝炎疫苗都是第二代基因工程疫苗，不是以前的血清疫苗，不会因为血液的污染带来感染，其他的反应也少，所以疫苗的副作用很少。少部分人在注射部位有红肿痛的现象，不过通常在一两天内即会自行消失。

小儿麻痹疫苗

小儿麻痹症病毒是经由患者的粪便或口腔分泌物而感染，感染后7～10天发病，有可能只是发烧、头痛、肠胃不适、颈背僵直，也有可能出现肢体麻痹、不能发育、成为残废。虽然目前我国小儿麻痹症已经绝迹，但是就怕境外移入的病毒会造成感染。

小儿麻痹疫苗可分为两种

▶ **沙宾疫苗**：是口服的活性减毒疫苗，只需口服，使用方便，病毒口服经肠胃道吸收后一部分可以由粪便排出，使得接触到这些病毒的人都可以间接得到免疫，同时可以抑制野生病毒的繁殖，但是也可能对抵抗力较弱，或在生病接受免疫治疗的人造成感染。

▶ **沙克疫苗**：是采用注射方法的非活性疫苗，以往因为其效价较低而较少使用，但是近年经改良后，其效价已经加强（eIPV），与口服疫苗效果无异。目前美国已将原来的口服疫苗全部改为此种打针的疫苗。其优点是注射后不会对他人造或感染引起小儿麻痹，缺点是需要打针，且无群体免疫效果。

注射后的照顾

如果用口服疫苗，建议在前半个小时内不要喝水或吃奶，以免因发生溢奶而将疫苗吐掉。

疫苗的副作用

口服小儿麻痹疫苗是一种活的减毒疫苗，对于极少数的人因其体质或免疫力的差异性，仍有约有三百万分之一的机会而发生小儿麻痹。

有人因为害怕这三百万分之一的机会，而不愿接受疫苗，实在是因噎废食。若是参考一下在1982年时就因为有些民众有这种考虑，不愿口服疫苗，接种率太低，却有一千多个儿童因而发生小儿麻痹，其中98人死亡，所以实在不值。

三合一疫苗

此为早期的白喉、百日咳、破伤风疫苗，俗称三合一疫苗，因副作用较多，自2010年3月份起，在我国台湾已经停用，改由政府提供更安全有效的五合一疫苗为婴幼儿免费接种，但是在疫苗的发展史以及疾病的预防观念上，仍有相当的重要性，所以还是加以介绍：

白　喉

是一种很严重的细菌感染，由于患者的喉部、扁桃腺及鼻部会出现白色的伪膜状斑块，故称为白喉。白喉会引起呼吸道阻塞，细菌所分泌的毒素也会引起心肌炎与神经炎等并发症，有10%的死亡率。

百日咳

也是一种急性的呼吸道细菌感染，对5岁以下的幼童特别危险，会引起严重的连串咳嗽造成呼吸困难，容易并发肺炎，也会造成患者痉挛，使脑部缺氧而死亡。75%的死亡病例是一岁以下的小孩，尤其是6个月以下感染更为危险，所以应尽量在6个月之前完成三剂基本注射。

破伤风

破伤风是一种细菌造成的感染，此种细菌特别容易在深部、缺氧的伤口中繁殖，尤其像铁钉刺到的情形，其所释放出的大量毒素可以使人的牙关紧闭、肌肉四肢痉挛、惧光，死亡率高达50%以上。破伤风菌广泛地存在于土壤或肮脏的地方，特别容易感染意外受伤的深伤口，新生儿及老人感染的死亡率最高。

白喉、百日咳、破伤风的三合一疫苗

即把破伤风和白喉杆菌所分泌出来的外毒素，经过减毒处理，再加上与被杀死的百日咳菌混合制成的疫苗。

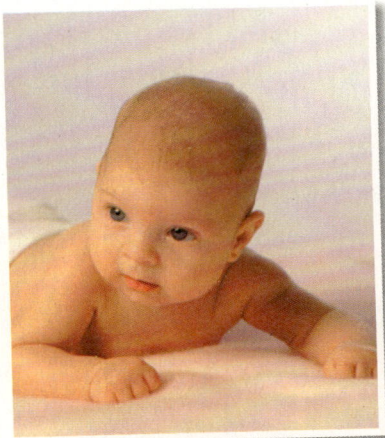

不适合注射疫苗者

包括宝宝有高烧、有严重的疾病（不含感冒）、有神经系统的疾病尤其是有痉挛现象或正在使用类固醇者。

注射后的反应

- 常见注射部位有明显的红肿、疼痛的现象。两天之后可能有发烧、全身不适的感觉，偶尔会出现食欲缺乏、恶心、轻微下痢的现象。
- 少数人在注射部位出现深部的脓肿。

新型三合一疫苗——"非细胞型（Acellular）"

现在有一种新型的三合一疫苗，称为"非细胞型（Acellular）"，其副作用已经明显降低。这种疫苗是将最容易造成反应的百日咳成分中的"抗原"分离出来制成疫苗，而不是单纯地将百日咳的细菌杀死做成疫苗，其中不含百日咳菌中毒性最大的内毒素，所以注射后的反应及副作用大为降低。

（关于四合一、五合一及六合一疫苗请见"混合疫苗"部分）

Q：打完三合一疫苗后，可以揉吗?

A：可以轻揉，也可以用热敷按摩的方式，使肿块早些消失。

Q：手册掉了，忘了有没有接种过三合一疫苗，要如何补种?

A：如果没有记录卡或如果年龄超过半岁以上。只要再补种2剂就可以了，中间间隔的时间
为一至两个月。

Q：如果三合一预防针中间忘了打，时间延误了怎么办?

A：如果是基本注射前3剂中的第2、第3剂延迟了，而且只延迟2个月之内，可以直接接
上，继续下面的注射；如果忘了太久，如超过6个月以上，最好重新再开始注射。如果
忘了的是第4剂加强剂的注射，则随时都可以注射，不需要重新来。
非连续要打数剂的疫苗（麻疹、水痘、腮腺炎等），若时间延迟了随时可以补注射，
与其他疫苗时间表无关，也不影响其他疫苗注射。

Q：三合一疫苗注射后所产生的硬块为何一直不会消失，要如何处理?

A：这种硬块是因为疫苗中所含的氢氧化铝（作为免疫增强剂使用）所造成，建议热敷按
摩，有时候要几个月以后才逐渐消失。如果肿得很严重，造成小朋友不能走路，则要
找医生检查处理。

Q：如果第一剂注射后反应很严重，第二剂要如何处理呢?

A：最常造成发烧等反应的原因是三合一疫苗中的百日咳疫苗成分，所以可以在第2剂的时
候改用新一代的三合一疫苗。新的疫苗已经把百日咳成分加以改良，反应会比较小；
或者也可以改用较大小朋友（4~6岁）所用的，不含百日咳疫苗的二合一（DT）疫苗
来代替。

Q：早上在医院院打过 B 型肝炎预防针，下午到卫生所打三合一，是否算同时接种?

A：这两种疫苗本来是可以同时接种的，一天之内，不同时间，也算同时接种。

麻疹疫苗

接种时机

由母亲经胎盘传给宝宝的抗体在第6个月左右开始消失，这个时候宝宝就有机会得到麻疹。全世界先进国家的麻疹疫苗大多在宝宝满15个月大的时候与德国麻疹疫苗、腮腺炎疫苗一同接种，那时候的效果最好，可以有95%以上的成功率。

因为怕有些宝宝不到15个月大就被传染到了，原先在2006年1日1日以前，在宝宝9个月大时先注射一次，到满15个月大再与德国麻疹疫苗、腮腺炎疫苗一同注射一剂。但是自1996年1日1日以后已正式废除，不再接种。

新型三合一疫苗——"非细胞型（Acellular）"

现在有一种新型的三合一疫苗，称为"非细胞型（Acellular）"，其副作用已经明显降低。这种疫苗是将最容易造成反应的百日咳成分中的"抗原"分离出来制成疫苗，而不是单纯地将百日咳的细菌杀死做成疫苗，其中不含百口咳菌中毒性最大的内毒素，所以注射后的反应及副作用大为降低。

现在是用麻疹、德国麻疹、腮腺炎三合一的疫苗在宝宝15个月大时注射一剂，进入小学时（6岁），再加强一剂，共两剂。这是一种活的减毒疫苗，副作用不多。

疫苗副作用

在接种后的5~12天，偶有出疹、咳嗽、发烧的现象。

妇女总共应打"两剂"德国麻疹疫苗

不注射德国麻疹疫苗最大的问题是妇女怀孕时感染，会造成胎儿的畸形。现在各国都要求在怀孕年龄之前（16岁）再加注一剂，也就是一共打两剂，这两剂最常并在麻疹、德国麻疹、腮腺炎（MMR）一齐注射。各国政府对这方面的要求都很严格，会针对这一点检查预防注射记录。

注意事项

· 接受过免疫球蛋白肌肉注射者，3个月内不能注射麻疹、腮腺炎或水痘疫苗。

· 输过血者6个月之内不可接种麻疹、腮腺炎或水痘疫苗。

· 静脉注射过血浆、血小板或免疫球蛋白者，11个月不能接种麻疹、腮腺炎或水痘疫苗。

日本脑炎疫苗

· 输过血者6个月之内不可接种麻疹、MMR或水痘疫苗。

· 静脉注射过血浆、血小板或免疫球蛋白者11个月不可接种麻疹、MMR或水痘疫苗。

日本脑炎是日本脑炎病毒所引起的急性脑炎，此病常见于东亚区及部分的东南亚国家，在欧美并没有此种疾病，所以这是个区域性的疾病。

感染原因

一般是以猪为中间寄主，在春末夏初的时候台湾省南部的猪先开始带病毒，蚊子是中间媒介，蚊子咬了带病毒的猪之后，再咬人时就会将病毒传给人。

感染症状

感染到的人大部分因为抵抗力可以克服，属于无症状感染；少部分的人会发病，出现头痛、发烧、恶心、想吐等脑炎症状，严重者会出现抽搐、昏迷、肢体麻痹甚至死亡。

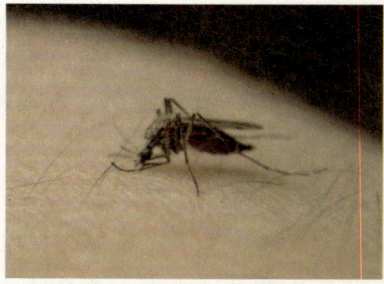

接种时机

唯一的预防方式是打日本脑炎疫苗，在婴儿出生满15个月时打第一剂，两周以后打第2剂，隔年再打第3剂，入小学之后可以再加强一剂。

施打日本脑炎疫苗要配合季节，即每年3~5月份施打，所以即使年龄满15个月，但不到这个季节，也就是不是在每年的3~5月时，仍要等到次年的3~5月再接种，这是因为日本脑炎在春末夏初才流行，秋、冬季没有这个疾病。

注意：日本脑炎疫苗注射时与三合一疫苗注射至少应相隔一个月，不宜同时注射。

疫苗副作用

疫苗注射后，偶尔有发烧、头痛等反应，在两三天内会恢复。出现严重反应的机会只有百万分之一，死亡只有千万分之一。只是日本脑炎的流行有年龄提高的趋势，近年来反而因为小朋友有疫苗保护，许多成人在小的时候未接种，感染者多为成人甚至老人。

嗜血性杆菌疫苗

5岁以下的幼童如果感冒，最常见的病原是病毒，约占80%，另外20%则是细菌所引起。在这20%的细菌中，最常见的就是嗜血性杆菌（Hib）。尤其是六七个月大的宝宝，一旦来自母体的抗体保护较少，就容易感染到这种细菌。

感染症状

我国台湾此病的流行率不像欧美那么高，但是一旦感染到，就可能引起肺炎、脑炎、中耳炎、关节炎、败血症等疾病，而且痊愈之后还常会留下癫痫、失聪、失明等后遗症，对宝宝的威胁极大。

欧美各国早在20年前即将此疫苗列为正式的、必需的预防注射项目，我国台湾目前已经开始跟进，希望未来能由政府编列预算，列为正式疫苗。

接种时机

不同厂牌的此种疫苗，是针对此种细菌表面的不同"多糖体"与"蛋白质"成分而制成，故疫苗的成分及效价也会有所不同，使用时请先参考原厂牌说明书。

· 原则上此疫苗在出生后第2、4、6个月与三合一（白喉、破伤风、百日咳）疫苗一同注射，15个月时再加强一剂。（成为四合一疫苗、五合一疫苗、六合一疫苗的成分之一）

· 6~12个月大的婴儿若先前未接种此疫苗则应间隔一个月接种两剂，并于第2年追加一剂。

· 1~5岁大，事先未接种过的，应接种一剂。

· 由于各个国家的法令规定有所不同，仍应配合各国的法令规定来接种此疫苗。

注射反应

极少部分人可能在注射部位有红肿现象，或者出现轻微的发烧。

水痘疫苗

85%的人在儿童期会感染水痘，其余的可能在成人期感染。水痘会留下永久的疤痕，也可能引起肺炎、中耳炎、脑炎等并发症。通常感染水痘的年龄愈大，症状愈严重。水痘痊愈后，若有病毒残留体内，未来可能会复发成为"带状疱疹"（俗称"飞蛇""皮蛇"）。

注射反应与副作用

水痘疫苗是一种新开发的活性减毒疫苗，于1997年引入。副作用很少，偶有发烧现象，有少部分人会在注射后7天左右长一些水泡，但是水泡数量甚少，平均全身在15～32颗之内。

接种时机

一岁以上的宝宝都可接种水痘疫苗，最好的接种年龄是15个月大。

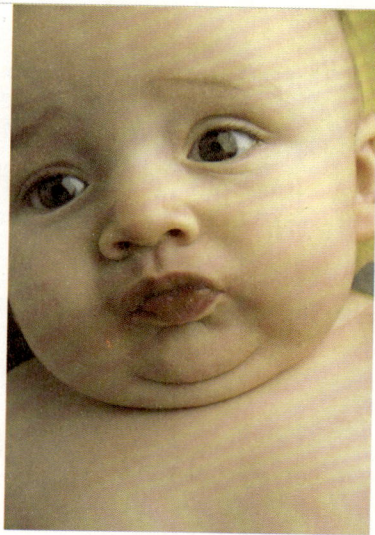

注意事项

- 服用阿司匹林药物时，不可以接种，因为怕引起"雷氏症候群"，造成肝脏及脑细胞突然坏死，导致死亡。
- 输血、高烧、服用类固醇、阿司匹林药物以及对新霉素（neomycin）过敏者，不得注射水痘疫苗。
- 如果12岁以前未接种，则13岁以后需注射两剂，其间相隔4周，才能终生免疫。
- 妇女若要接种，需避免在3个月之内怀孕。

新型三合一疫苗

　　这是一种副作用较少的新一代三合一疫苗，称为"非细胞型（Acellular）"。以往最常造成发烧等反应的原因是三合一疫苗中的百日咳疫苗成分，新一代的非细胞性疫苗已经把百日咳成分加以改良——将最容易造成反应的百日咳成分中的抗原分离，并把其中毒性最大的内毒素去除，因此，反应会比较小。

　　因为三合一疫苗随着年龄的增加，注射后反应的机会也增加，所以一般建议至少在第二剂的时候改用新一代的三合一疫苗，以降低传统三合一疫苗注射后所引起的发烧、局部红肿、硬块等问题；当然，也可以由第一剂开始即使用新一代非细胞型的疫苗。

流行性感冒疫苗

　　每年世界卫生组织都会依据当时情况推论未来可能流行的感冒种类而建议各国厂商制作成疫苗，所以其成分每年都不同。例如，2009年的疫苗是A型布里斯（H3N2）、A型新加勒多尼亚（H2N1）、B型布里斯3种病毒疫苗的混合剂，每年世界卫生组织均会预测当年度的可能流行趋势，在每年4月份之前做出推测，交由各国药厂制造当年度可能流行流感病毒的疫苗。

　　如果该年度所流行的流行性感冒与预测的相同则有几乎完全的保护性，若没有完全预测到，而有近似性，亦有50%～80%的保护效果。如果感染到的是一般的"普通感冒"或是禽流感，则没有预防作用。所以，打了流感疫苗还是有可能得一般感冒的。

接种时间

　　每年10~11月中旬最佳，接种疫苗10~15天后出现免疫力，一年内有效。

哪些人可以注射？

· 6个月以上才可施打，6个月至3岁给予半剂（0.25毫升）。

· 成人及大于3岁儿童给予一剂。

· 儿童（小于7岁）之前并未接种过流行性感冒疫苗或未曾感染过流行性感冒，可于间隔四周后给予第2剂。

· 注：各厂牌规格亦有差异，亦以6或7岁为剂量上的区别，以各厂牌的说明书为准。

哪些情况不能注射？

· 对蛋白或新霉素及福尔马林过敏者。

· 发烧、慢性进行性疾病。

· 6个月以下的婴儿。

注射后的反应

流行性感冒疫苗并没有什么后遗症或副作用，或许可能引起局部疼痛，大多一天左右即恢复，亦有可能有红肿现象。接种2～3周即出现免疫力，临床有效率高达九成，未来即便是再感染流行性感冒，症状也会减轻一半以上，降低80%的死亡率。

H1N1流行性感冒疫苗

H1N1流行性感冒曾于2009至2010年在全世界造成大流行，令大家谈之变色。当时各国政府及各大药厂也都努力地赶制疫苗，希望能够尽快底抑制病情的扩散。

在我国台湾除了进口一些国外的疫苗之外，当地的国光药厂也自行产制了大量的H1N1流行性感冒疫苗。大约从2009年11月开始上市使用。 第一批先打灾民、幼儿，以后再打老人、慢性病患者，再至学校机关，规定9岁以下的小朋友要打两次疫苗，时间上是间隔一个月，9岁以上则只要打一剂就够了。

A型肝炎疫苗

感染症状

A型肝炎感染后最大的问题是出现急性肝炎或急性重型性肝炎，使人会严重的高烧、黄疸、呕吐、昏迷甚至死亡，出现慢性带原的机会少。所以如果到饮食卫生不好的地区，A型肝炎的预防注射是有必要的。

饮食不卫生是传染途径

欧美国家将亚洲、非洲大部分国家都列入"疫区"，我国18岁以下的人大多体内没有A型肝炎的抗体，所以一有感染，随时可能暴发流行。

疫苗成分

A型肝炎疫苗是一种不活化性的病毒疫苗，可以分为成人（18岁以上）、非成人两种。两者的剂量不同，前者为1毫升含有1 440 ELISA单位，后者为0.5毫升含有720 ELISA单位。

注射时间

注射时均为第一剂注射后6～12个月后再加强一剂即可。满两岁大时可以开始注射。

? 肝 炎

肝炎又称为"传染性肝炎"，是经由饮食感染，与B型肝炎不同。我们目前打的B型肝炎疫苗主要是经由打针、输血而感染，我们称之为"血清型肝炎"。

肺炎链球菌疫苗

肺炎链球菌也是时常造成幼儿及成人肺炎、脑炎、中耳炎的一种主要细菌，对于健康的威胁不少于嗜血型杆菌（Hib），以被感染者的年龄层来说，肺炎链球菌的好发年龄层呈两极化，它特别容易感染5岁以下的小儿以及65岁以上的老人。

例如，在美国，肺炎链球菌每年引起3千例的脑膜炎、50万例的肺炎以及4万例死亡。尤其是肺炎链球菌的抗药性细菌在全球各地不断增加，使得严重的感染治疗更为困难。

肺炎链球菌疾病可以在一年中任何时段发生，在冬天和春天比较常见，而在国内抗药性的研究，对于青霉素的抗药性已经高达五至七成以上。据统计，我国台湾每年约6万人因为感染肺炎链球菌死亡，肺炎链球菌引发肺炎或败血症，是老人、幼儿及慢性病患的健康杀手，医界建议，高危险人群应施打疫苗提高免疫力。所以，利用疫苗来预防肺炎双球菌已经是一定的趋势，可以协助高危险人群来保持身体健康，避免感染时不必要的病痛、死亡。

制作疫苗不易

因为肺炎双球菌底下又可以分为99个血清型（不像嗜血杆菌等细菌只有单一型），那些型常造成流行，在取决及疫苗制造上较为不容易。尤其是要评估到在不同的国家地区流行的血清型不一样，到底要选择其中的哪些血清型来做成疫苗，令专家伤透脑筋。

疫苗分为两种

肺炎链球菌疫苗1998年才研制成功，较先引进的是含有23个血清型，适合于两岁以上年龄注射的疫苗。

而于2005年的年中才又引进含有7个血清型，可用于两岁以下幼童接种的疫苗。特别强调两岁以下的婴幼儿是感染肺炎链球菌的高危险群。尤其是天生免疫力差或有潜在性疾病的儿童，一旦感染，实时给予适量有效抗生素，仍不能完全避免造成听力障碍、脑部受损甚至死亡等的后遗症。

接种时机

23个血清型的疫苗，至少要给两岁以上年龄者（主要以老人为主）使用。施打一剂即可。

7个血清型的疫苗给两岁以下幼童使用的：年龄在6个月以下的宝宝注射4剂，分别在2、4、6个月大及满12~15个月时各注射一剂；若是年龄已经在7~11个月才开始注射，则要注射3次，每次间隔一个月（第3剂建议一岁以后再施打）；若是年龄已经到1~2岁，则以两个月为间隔，施打两次。2~5岁则施打一剂即可。

混合疫苗（四合一疫苗、五合一疫苗、六合一疫苗）

由于疫苗的种类太多，仅从出生到一岁半，在政府的预防注射表上就有12次预防注射，若再加上新的疫苗，势必超过20次以上，不但家长反复地跑医院很麻烦，宝宝也要不断地承受打针之痛，所以医学上就积极地努力想把不同的疫苗合在一起做成混合疫苗，以减少注射的次数。

目前已经有的混合疫苗是：

四合一疫苗

"新型三合一疫苗"与"嗜血性杆菌（Hib）"的混合剂，亦有人将之称为"四合一疫苗"，注射时间仍是2、4、6个月及18个月各一剂。

五合一疫苗

将前述的四合一疫苗加上小儿麻痹的注射疫苗（沙克疫苗）相混合的"五合一疫苗"。注射时间也是与旧三合一疫苗注射的时间相同，在2、4、6个月及18个月各一剂。

六合一疫苗

再将B型肝炎疫苗也加进去，即称为"六合一疫苗"。

因为新的疫苗接种后的保护范围愈来愈广，安全性更好，小宝宝也可以少挨几针，所以虽然价钱稍贵，但是能够接受的家长还是愈来愈多，尤其在都市里，传统的旧三合一疫苗几乎已经很少人在打了。

关于六合一疫苗的接种时间，建议年龄是一个半月、3个月、6个月，各接种一次。

我国台湾有一位段时间建议所有接受五合一及六合一疫苗针剂注射的小朋友，以后还要另外再增加两次口服的小儿麻痹疫苗，以增强对小儿麻痹的保护效果，但是经过评估及观察，此作法已经于2010年3月份正式废止。

轮状病毒疫苗

轮状病毒致病率高，全球各地都可见轮状病毒，是全球儿童腹泻最常见的原因，在发展中国家，轮状病毒引起的急性肠胃炎，常常是幼儿死亡的重要原因，每年约造成50万名婴幼儿死亡。在卫生条件好的发达国家，虽然罕见死亡病例，但却是5岁以下婴幼儿因腹泻而住院的主要病原，需要花费医疗成本与父母请假照顾的社会成本。

2岁以前小朋友均有60%～70%，每年大约11月中旬起就进入高峰期，它是造成2岁以下小朋友腹泻住院最主要的原因，5岁以下的小朋友几乎均感染过，先进国家和发展中国家的孩子都可能因接触到带有病毒的排泄物、飞沫而遭到感染，常有幼儿感染再传染给其他兄弟姐妹或幼儿园的同学，即使常洗手也没有办法预防，目前最有效的预防方式便是轮状病毒疫苗，可以帮助宝宝免受轮状病毒的威胁。

轮状病毒疫苗目前有2种，分别为口服2剂型（人类减毒轮状病毒疫苗）和口服3剂型（人牛重组轮状病毒疫苗），效果都达95%以上。

3剂型的口服疫苗，建议使用对象为6～32周（8个月大）的婴幼儿，总共需口服3剂，最后一剂必须在32周龄（8个月大）内口服完毕，两剂间隔为4～10周。每次投与方式建议分多次并嘴角给予。建议投与前30分钟给予婴幼儿禁食。若婴幼儿口服投与疫苗后吐出来的话，并不建议再补充一剂，因为基于安全性考虑且不知道应该须再补充多少剂量，但已知先前大规模研究显示，疫苗保护力仍存在。若婴幼儿服用疫苗后有不良反应，必须回诊就医。2剂型的口服疫苗则建议分别在宝宝2个月及4个月接种。

轮状病毒疫苗可以跟其他常规的疫苗一起接种，如三合一、四合一、五合一或六合一以及肺炎链球菌等疫苗，并且不会影响这些疫苗的效果。

大多数宝宝接种疫苗后亦不会有副作用，只有少数幼儿因体质关系，会产生烦躁、食欲不佳、疲倦、发烧等不良反应。

第 **5** 章

饮食 与营养

喂母乳还是婴儿奶粉？

最合适饲养该种动物宝宝的，即其母体的奶。人的智慧高，生活习性与别的动物不一样，最适合人类宝宝的奶也是自己母亲的奶。

母乳与牛奶的差别

早期，大约在20世纪30年代以前，科学家在这方面并不了解，以为用什么奶喂养人类的宝宝都没差别，后来才发现，用牛、羊等动物的奶养大的宝宝，在智力和各项成就上明显比喂母乳的宝宝差。当时的研究只了解到好像牛奶的糖分不够，于是，在20世纪30~60年代便兴起了"给宝宝喝牛奶要加葡萄糖"的热潮。随着生化科学愈来愈进步，我们才逐渐了解到，人奶与其他动物的奶是有很大不同的。

▶ **脂肪酸**：以牛奶为例，人奶中所含的脂肪酸属于不饱和脂肪酸，较适合人类的吸收。牛奶虽然闻起来味道比较香，但那是饱和脂肪酸的香味，不适合人类宝宝的消化吸收；而且构成人类脑细胞的重要成分Linolic Acid，在牛奶中是不够的。

▶ **蛋白质**：牛奶中的奶酪块（Casein）较大，酪蛋白（Whey）较不够，此点与人类的母乳相反，所以喝牛奶的宝宝，其大便中含有许多白色的奶块，换作喝母乳的宝宝，则几乎很难在其大便中发现奶块的存在。

▶ **有益生长发育的重要成分**：近年来，科学家更进一步发现，很多与人类脑部发育、免疫力、视力发育有关的重要成分，如DHA、Beta-Carotene、Taurine、核甘酸及各种矿物质等成分，在一般牛奶中都是不够或不存在的。也因此，现在许多厂牌的婴儿奶粉，都强调其已额外添加了上述成分，并以"有益婴儿生长发育"作为宣传的诉求。

▶ **矿物质**：国内新闻曾报道，某些婴儿吃了市面上某些不合格的奶粉以后，发生抽筋的现象，此即因为这些奶粉的质量有问题，像是矿物质项目中的"钙、磷成分比例"不对——所含的磷太高，钙质却不足——造成宝宝出现血中"钙"含量被压低、进而导致抽筋的现象。

以人奶为标准改善牛奶

所以先进国家一直努力把牛奶"人乳化"（Humanized），希望牛奶经改善后的成分能适合人类宝宝正常生长发育的需要，所以目前英文并不把婴儿奶粉叫"牛奶"，而是叫"Formula"，其意思是"程序化或配方奶"，也就是已经用各种方式修正调整其成分的意思。

由以上简单的叙述可以知道，婴儿奶粉的质量必须有一定的质量要求，因此，各国政府对婴儿奶粉都有各种程度的质量检验管理制度。

母乳的好处，配方奶粉并不完全具备，虽然各厂牌婴儿奶粉尽量做到接近母乳，以适合人类宝宝的需要，然而到目前为止，这仍然是很难达成的目标。母乳才是最适合人类宝宝的，其好处基本上包括：

▶ **亲 情**：在把宝宝搂在怀里，接触妈妈身体产生的贴心、温暖、慈爱、安全的感觉，是用奶瓶喂奶永远无法取代的。

▶ **适 温**：母乳永远不需加温，随时保持适当的温度，是最方便的。

▶ **活性成分**：母乳中含有一些与婴儿抵抗力有密切关系的活性成分，例如：分泌性 A 型球蛋白（Secretary IgA）、补体（Complement）、运铁蛋白（Transferrin）等，这些都是不能用人工生产、制造出来的，牛奶中也不可能含有。

▶ **抗 体**：吃母乳的宝宝也可以由母乳中得到许多来自于母亲体内的抗体，其中的"分泌性 A 型球蛋白（Secretary IgA）"对于婴儿肠黏膜的保护尤其重要，可以降低婴儿肠道被感染的机会。

如果母亲以前得过某些型的感冒或水痘、麻疹等感染，母亲本身体内会对疾病的病毒产生抗体，这些抗体也会经由母乳传给宝宝，宝宝的体内对这些疾病的抵抗

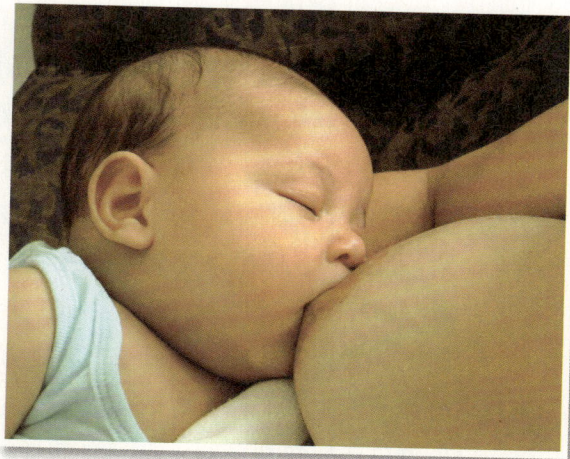

也会增加。这些抗体的作用可以一直到宝宝6个月大才降低。所以宝宝如果吃母乳，他的抵抗力在前6个月会比较好，不容易被感染，较少生病。

随着科技的进步，相信未来又逐渐有许多新的人体所必需的成分被发现，并且被添加到婴儿奶粉中，婴儿奶粉的质量也会不断的进步。总之，母乳仍是最自然、最适合宝宝的食物。

喝母乳的宝宝不易罹患的疾病	母乳预防该种疾病的理由
肠胃过敏	母乳蛋白过敏性较牛奶低
婴儿猝死症	可能与抗感染、抗过敏的因素有关
腹泻及其他感染	母乳中含抗体及各种免疫因子
坏死性肠炎	母乳渗透压较低，以及含有免疫因素
新生儿低血钙性抽搐	适当的钙／磷比例，且钙质吸收率佳
缺铁性贫血	铁质吸收率高
婴儿腹绞痛	此与牛奶蛋白过敏，或者与使用奶瓶吃入较多空气有关
婴儿湿疹	母乳不易引起过敏反应
肥胖症及高血压	较少过度喂食的机会，含钠量低，肾负荷低
便秘	大便较软
龋齿	不含蔗糖

资料来源：《婴儿与母乳哺育》，台湾小儿科医学会编制

这些宝宝可以喝母乳吗？

▶ **新生儿黄疸不退**：早期的医生担心，新生儿黄疸可能是母乳中某些成分所引起，因此常会建议暂停喂母乳两天。现在医生已经了解这方面的影响不大，于是不再建议有轻、中度黄疸的新生儿停止吃母乳；除非黄疸数值超过17毫克／100毫升的时候，才不建议喂母乳，需由医生治疗。此时，妈妈最好按时以吸奶器将母乳吸出，等宝宝黄疸治疗好了，就可以恢复哺育母乳。

▶ **半乳糖症或氨基酸代谢异常的婴儿**：前者无法正常代谢乳糖，后者无法正常代谢氨基酸，因此无法哺喂母乳，必须使用"特殊配方"奶粉（与一般婴儿奶粉亦不相同）。然而有研究显示，在宝宝检查出患有此两者疾病之前，吃母乳者日后的智商还是比喂一般婴儿奶粉高，所以即使宝宝被怀疑患有这类

疾病，还是不妨先喂母乳，等确定后再改用特殊配方奶也来得及。

这些妈妈能喂母乳吗？

▶ **剖腹产**：仍可喂母乳，大约生产12小时后，产妇清醒而且状况不错就可开始哺乳，并采取半坐卧式。

▶ **B型肝炎带原者**：仍可以喂母乳，因为乳汁中的肝炎病毒量极低，喂母乳显然不是传染肝炎的主要途径，何况，母子关系亲密，不喂母乳照样可以从别的地方传染。更重要的是现在新生儿都已有疫苗可以保护了，喂母乳应无问题。

▶ **罹患艾滋病或者因癌症正在接受化疗**：但是如果妈妈曾罹患癌症，可是现在情况已稳定，目前没有接受化疗，则还是可以喂母乳。

▶ **如果母亲乳头有小的伤口，发炎不严重**，则每次喂奶时，可以暂时用另一侧没有发炎的乳房哺喂宝宝，然后再喂以发炎的那侧乳房。或者，也可以缩短每侧乳房的吸吮时间，以增加吸奶次数的方式来降低母亲的不舒服。

▶ **如果发炎较严重，担心受细菌感染时**，可以暂时停止喂母乳，并尽快用抗生素把发炎治好；这段期间最好用吸奶器把母乳吸出，以免母乳的分泌量减少。通常在一星期左右就可以恢复哺喂母乳了。

▶ **如果是因为胀奶而引起乳房发炎**，则可以继续喂奶，而且建议增加次数，使胀奶的情形尽快消失。如果宝宝吃奶的量太少，怕母乳的分泌量因而减少，则可以暂时用吸奶器把奶吸出，隔几天以后看看宝宝的奶量有否增加，千万别因为胀奶或奶水分泌减少而丧失了继续哺喂母乳的机会。这种情形最常见于刚出生，或是临时有点不舒服的宝宝。

▶ **母亲生病时**：症状不严重的感冒仍可以继续喂母乳；如果有发烧症状，则建议停止喂母乳至烧退为止（约一周以内）。这段期间建议仍把母乳挤出，以免母乳分泌量愈来愈少，等到要喂宝宝时就没有了。

但是，如果感冒等症状较严重时，如发烧、咳嗽等，为避免传染给宝宝，妈妈在喂母乳时一定要戴口罩，必要时甚至可用吸奶器把母乳吸出，再喂给宝宝。

▶ **母亲服药时：** 大部分常见疾病，例如，常见的感冒、肠胃炎，所服用的药物存留在母乳中的剂量很低，对宝宝几乎没有什么影响，因此不建议停母乳。服药期间，建议母亲尽量在喂完母乳后再服用药物，以降低该药物可能渗入母乳中的浓度。

少部分的抗生素、新陈代谢用药、荷尔蒙制剂、抗癌药是会渗入母乳的，因此，妈妈产后看病时，要记得告诉医生现在正在喂母乳。

母亲在服用某些药物时，尤其是某些不知名的中药，如果宝宝出现不舒服的症状（如黄疸、腹泻、呕吐或嗜睡时），则要考虑是否是药物渗入了母乳中所引起的副作用。此时，建议把母亲服用的药物带给医生看，与医生讨论后，再决定是要停药或停喂母乳。

哺乳期使用几乎不影响母乳安全的药物	
内服药	▶Acetaminophen（Tylenol，Tempra）
	▶适量的酒精
	▶阿司匹林（aspirin）（一般剂量，短期使用）多数的抗癫痫药物
	▶多数抗高血压药物
	▶四环霉素（codeine）
	▶非类固醇类抗发炎药物（如ibuprofin）、类固醇（prednisone）
	▶甲状腺素（thyroxin）
	▶抗甲状腺亢进药物propylthiourocil（PTU）、warfarin、tricyclicantide-pressants、sertraline（Zoloft）、paroxetine（Paxil）
	▶抗忧郁药物，metronidazole（Flagyl）、omperazole（Losec）、Nix、Kwellada
外用药	▶皮肤外用的药物
	▶吸入性药物（例如气喘用药）
	▶鼻子、眼睛使用的药物
哺乳期不可使用的药物	
内服药	▶少部分的抗生素
	▶新陈代谢用药
	▶荷尔蒙制剂
	▶抗癌药

乳房发炎或头受伤的常见原因

1. 宝宝已经吃饱了，仍然将宝宝继续抱在怀里，让他含着乳头，宝宝不断的吸吮动作时常对乳头造成过度的摩擦而破皮。
2. 母亲在喂乳后自己的清洁做得不好，有可能清洁的动作伤到乳头，也有可能残余的乳汁发酵，引起发炎。
3. 乳房本身胀奶，引起发炎。
4. 6个月左右宝宝开始长牙，可能咬伤乳头。

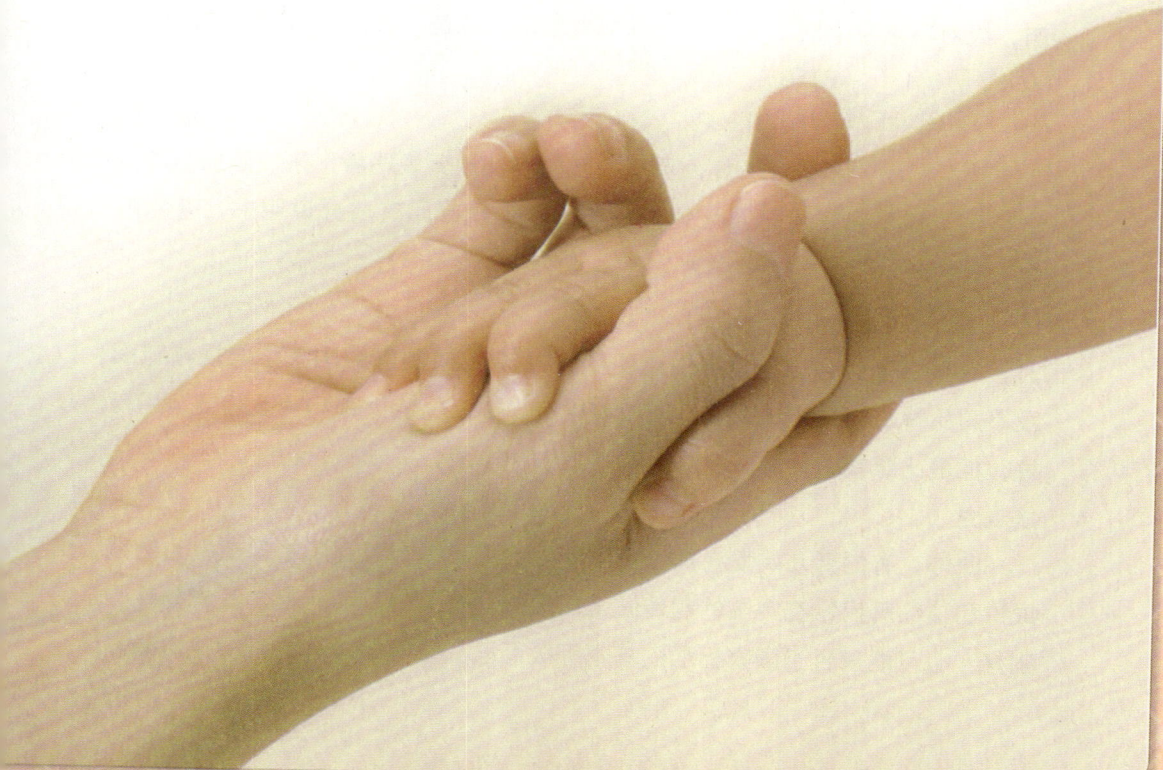

奶粉品牌的选择

前面已经解释过，婴儿奶粉与一般牛奶是很不相同的，医学上对婴儿奶粉的要求是：尽量把其成分做到接近母乳，以切合宝宝生长发育的需要。换句话说，婴儿奶粉最终的理想是把牛奶中所没有，但宝宝生长发育需要的各种成分都加进去，并把对宝宝发育不好、不该存在的成分都去除掉。

婴儿奶粉成分有规定标准

为了宝宝的发育，各先进国家对于婴儿奶粉的成分，都订得有相当严格的标准，大至成分中蛋白质、脂肪、糖分、矿物质的含量比例，小至矿物质中的"钙／磷比"高低、渗透压多少，以及蛋白质、脂肪中各种细部成分，都有一定的要求范围，任何品牌的婴儿奶粉都须在规定的标准范围内，才能称为"合格"。

事实上，每一种成分标准都是经过多年的反复研究验证才能得以确定，而各种品牌婴儿奶粉质量，原则上是由国家级实验室，或其委托机构检验确定后再公布，绝对不是某个医师或个人可以主观认定，说是"我觉得"哪一种比较好。

细部产品决定质量

婴儿奶粉的质量好不好，可从奶粉的细部成分说明看出来。这些基本成分的资料除了标示在奶粉罐上之外，各厂商本身也都印有成分说明书，有的附于罐内，有的只对医生或营养学者公开。

世界各主要品牌奶粉的成分表也可以在"小儿科学"的教科书上查到，同时，教科书上也会列出世界卫生组织（WTO）或美国的国家标准规格范围，以及不同品牌奶粉的成分现况。所以如果有人说，他认为哪一种品牌婴儿奶粉比较好，但是比照其成分表，若与教科书上的标准成分要求有差距时，他的说法便无法成立。

此外，有的婴儿奶粉在其出产国使用的人不多，可到了中国却大为畅销，这或许和该品牌奶粉在中国的宣传做得比较成功有关吧！实际上，其成分并不是特别好，也可能只合于国家标准的基本等级而已。又例如，有的奶粉曾自称"适合中国宝宝"，却又提不出中国宝宝与外国宝宝在体质及需要上有何差异，这一种宣传是不可信的。

婴儿奶粉也有认证标志

基本上各国政府对婴儿奶粉都有一定的检验标准，我国也是一样，至少要原出产国和我国卫生主管机关都检验合格（有CNS标记），才建议选择使用。

向小儿科医生请教

如果你的宝宝身体没有什么特殊的疾病或发育问题，则合于标准的品牌奶粉都可以选择；如果你选择的奶粉连牌子都没有听过，建议你请教小儿科医师，千万不要随便听别人介绍或推荐。

为了保护宝宝的健康，有关部门对于婴儿奶粉的宣传及广告也规定得非常严格，在电视、报纸上是不允许做广告的，也不准通过发样品或送赠品来招揽顾客，然而实际上还是可以看到各种奶粉厂商用送赠品的方式来宣传产品，也不断地有报导指出，宝宝吃婴儿奶粉吃出问题，所以这方面的管理还有待加强。

如何喂配方奶

奶瓶、奶嘴的消毒

至少准备6个240毫升的大奶瓶作为喂奶用，2个120毫升的小奶瓶作为喝水用。奶嘴及奶瓶盖、夹奶嘴的夹子也要一起消毒，不论是用煮沸消毒或蒸汽消毒效果均相同。

消毒完了以后，奶嘴的部分**勿用手接触**，要用消毒好的夹子代替双手。有相当多的人在消毒奶嘴以后竟直接用手去拿，或是把奶嘴随便放在桌子上，还有些家长把安抚奶嘴挂在宝宝胸前，或是握在大人的手中，完全没有卫生观念，不了解消毒之后的奶嘴如果随便乱碰就等于没有消毒一样。

切记，安抚奶嘴不用时要用盖子盖起来，才能保持干净。

冲泡奶粉

有的品牌在奶粉罐内附有标准汤匙做参考，有的一汤匙冲30毫升水，有的冲60毫升水，请依照指示泡奶。**不要自作主张把奶冲得太浓或太淡**，要依厂商建议的方式冲奶。有些家长以为奶粉放多一点可以使宝宝得到的营养较多，但是这种想法并不对，因为过浓的牛奶会使宝宝的肾脏负担过重，对宝宝的健康并不好。

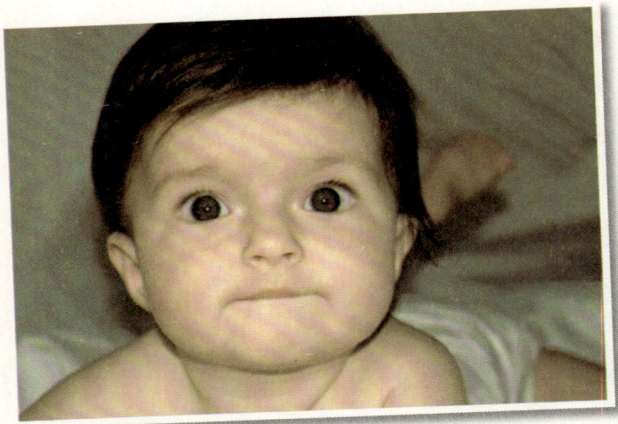

冲奶的水必须是经过煮沸过以后，再冷却到40～60℃才冲泡奶粉。泡好奶的奶瓶要放在手腕的内侧，试试会不会太热，才给宝宝吃。

喂宝宝喝奶

有些宝宝在一开始喝奶的时候喝得很快，喝到一半不太饿了就会含着奶瓶边吃边玩，甚至开始想睡觉，这时候家长应该尽量用各种方法不要让他入睡，例如：可以搔搔他的小脚、耳朵，要他快一点喝完。

不要让宝宝含着奶瓶躺在小床上入睡，长期养成含奶瓶入睡的习惯，在口中总是有一些残留的牛奶时，奶会变酸，未来宝宝开始长牙会侵蚀宝宝的牙齿，若长期的侵蚀，会使齿列中含住奶嘴的部分形成半月形的缺损，这种现象称为 "奶瓶性龋齿"，严重的甚至在齿列的中间部分还会略微向前暴出，形状也不好看。

喝完奶后

· 宝宝喝完奶之后，建议再给宝宝喝一点水，保持口腔卫生，当年龄到了2岁以上就要尽量改用杯子喝奶。

· 喝完奶后奶瓶最好及时冲洗，并用奶瓶刷及软性洗剂把奶瓶刷洗干净，以防细菌滋生；若要放久一点则再一次清洗，且最好放在冰箱中。

剩喂牛奶的保存

冲好的奶如果没有放在冰箱，超过2个小时以上就不应该再给宝宝吃。如果冲好以后是放在冰箱冷藏，也不要超过24小时，以防变质。

多久喝一次奶？

我们建议，不论喂牛奶或母乳，最好大约每4小时喂一次，不要在3个小时的间隔以内，因为喂食次数太多母亲及宝宝都不能好好休息。大约满2个月以后，半夜的那一餐就可停掉了，宝宝可以睡8小时到天亮。

奶量喝多少？

宝宝平均吃奶的量，大约是每千克体重每天吃150～180毫升，例如，5千克重的宝宝基本上大约吃：150毫升×5，等于750毫升，如果一天每4小时吃奶一次，平均吃6次，每次的奶量就大约是125毫升。

为什么说 "左右" ？因为每一个宝宝的吸收能力不一样，宝宝与大人一样，有的吸收好，吃的少还是胖子；有的吸收差，吃的多还是不胖。但是基本上，只要体重能够正常增加，对于奶量吃的少一点的宝宝，父母也不用担心。

每一个宝宝的奶量与吃奶的时间间隔是可以不同的，例如，时间间隔由3个小时到5个小时都是正常。对于自己宝宝的特性，母亲接触得愈早、时间愈多，就愈能了解他。

宝宝吃够了没？

不论是吃母乳或是婴儿奶粉，母亲时常会困惑，宝宝吃够了没有？用奶瓶喝奶时还比较好，可以看到他喝了多少，也能够用"每天每千克体重喝150毫升"作为大致的标准，但是每一个宝宝的胃口是有所不同的，在喂奶时可以观察宝宝的动作，作为参考：

如果看到宝宝吃到会把奶瓶用舌头顶开，或把头转到一边去，或用小手一直要推开奶瓶，时常就是表示他不想吃了，也表示吃够了。

但是喝母乳时，没有客观的参考标准，母亲时常会有宝宝吃完母乳后，只要一哭就会担心他吃得不够，忍不住再冲一些牛奶给他喝。但是，这样的做法反而使宝宝下一餐不太饿，又降低了喝母乳的量，使自己奶水真的不足。

一般而言，我们大概简单的判断所吃奶量是否足够的原则是：

· 宝宝如果吃饱了，他大概可以很平稳地睡2～3个小时以上，即使醒了也不会哭（当然，尿布湿了除外）。

· 平均一天有5～6次以上的小便。

· 同时宝宝的脸色、体重增加、各项学习发展的进度（请参考本书关于宝宝的发育部分）也都正常。

做母亲的只要顺着宝宝的发育，自然地增加奶量就可以了。

如何喂配方奶

如果没有奶粉汤匙，该怎么办？

牛奶奶水浓缩干燥后，剩14％重量的粉，大约是原重量的1/7，所以还原为奶水时，就请加7倍的水，就是标准的奶水浓度；如果大人一般冲奶粉，也是请加7倍的水。

牛奶可以泡浓一点吗？

有的人以为奶粉冲浓一点可以增加营养浓度，也可以治疗简单的便秘。事实上这是不正确的，因为奶粉冲的比较浓会造成肾脏的负担加重，影响肾功能，所以不建议。

不要喂食太多

做母亲的爱子心切时常会不自觉地多冲一些，当宝宝已经吃得够饱的时候，母亲还想把奶瓶中剩的一些尽量喂给他，但是这样时常被强迫喂下，一个结果是容易会溢奶，容易呛到，另一方面是肚子胀气，精神不安也睡不好，而且长期如此将来容易发胖。

不吃奶、溢奶、吐奶

宝宝刚抱回家，不吃奶怎么办？

有时候，宝宝在医院婴儿室吃奶吃得很好的，但是抱回家后，母亲喂起来就非常困难，急得赶紧找医师，到底是为什么呢？

最常见的原因就是母亲不会喂，喂奶的方法不对：喂奶的动作是有一定的技巧和原理，尤其是用奶瓶喂奶时。

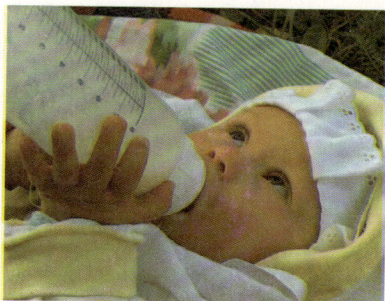

奶瓶的奶嘴与母亲乳房奶头的形状是很不相同的，塑胶奶嘴一般较长（也有少数模仿母亲乳头的形状），硬度也较硬。

从医学的观点来分析，宝宝吸塑胶奶嘴时会有两个动作：一个是"吸"的动作，也就是把奶直接吸入口中。另一个是"舔"的动作，宝宝用小舌头不断地由外至内，以舔的动作压挤奶嘴，把奶挤到口中。

如果妈妈把塑胶奶嘴"直直地伸入"宝宝的口腔内，角度太直时，塑胶奶嘴的头部会压到宝宝的舌头，令舌头动弹不得。宝宝在此种情况下，根本无法用"吸"或"舔"的动作吸奶，甚至于在舌头被压到时，会出现不舒服想吐的感觉；即使勉强吸奶，也容易呛到，所以宝宝会显得不想吃或奶量大减。

比较有经验的医师或护理人员会利用宝宝自然的"吸吮反射作用"，刺激宝宝吸吮得顺利一点。就是在用一般的奶瓶喂奶时，奶嘴的角度稍微向上倾斜，以30°～45°角轻轻地刺激上颚的软、硬交界处，同时稍稍转动奶嘴，宝宝很自然就会出现吸奶动作，也不会有奶嘴压住舌头的问题。

? 吸吮反射作用

当我们用手指（请先洗净）刺激宝宝口腔上部时——软腭与硬腭交界处（口腔内的上腭分为两部分，前部较硬称"硬腭"，后部较软称"软腭"）——宝宝立即会出现吸吮动作。

为什么宝宝容易吐奶？

状　况		可能的引发因素
正常反应，稍作调整即可改善	吃奶后一两小时之内吐奶	要考虑是否喂的量太多，造成宝宝肠胃负担太大，胃内压力增加
	吃奶后立即或隔几分钟后吐奶	喂奶或拍气技巧不当，或是奶嘴太小，使得宝宝吃进满肚子空气，肚子胀也会吐奶
	发生在咳嗽、哭闹、扭动、运动之后	当宝宝咳嗽、哭闹、扭动、运动时，腹部肌肉突然收缩，使腹腔内的压力增加，将胃内食物挤压而出，也会造成吐奶现象
	较大的宝宝剧烈运动后	运动及喘气都使腹部肌肉的收缩增强，加上快速呼吸动作，使横膈膜收缩向下压迫腹腔，亦容易造成呕吐
宝宝生病了，要赶紧就医	平常不吐，忽然吐奶	宝宝可能生病了，例如肠胃炎、脑炎等 有时候，尤其宝宝是托给保姆照顾，忽然出现呕吐，也要考虑是否不小心摔倒、伤到头了，因为轻度的脑震荡也会出现吐的现象
	发生在气喘、呼吸困难不顺或呼吸道阻塞的时候	呼吸系统和胃肠功能的关系非常密切，很多有气喘的小孩，一发作就容易呕吐。婴幼儿虽然没有所谓的气喘病，但是肺炎、细支气管炎或是宝宝刚出生前几个月有所谓的"气管软化症"时，呼吸会比较快速，痰又多，就容易伴随呕吐现象
	出生后就开始反复吐奶，而且愈来愈严重	宝宝可能有肠道道方面的问题，例如先天性幽门狭窄、胃食道逆流、肠阻塞或是有一些先天性代谢不良的疾病，必须请医生详细检查

如何防止溢奶？

1. 如果宝宝生病了，要先予以医治。

2. 切勿喂食太多，以适量为原则。

3. 喂食后，勿任意剧烈摇动宝宝。

4. 若有吐奶情形，则发生可少量多餐，以减少胃内承受的压力。

5. 每次喂奶中及喂奶后，可将宝宝抱靠在大人肩上，并拍拍宝宝"下"背部，拍的位置不可太高，位置太高就拍不到胃的部位；拍的力量也不可太轻，必须使力量能穿透到胃部为度，也不可太重。这个动作可将吞入胃中的空气排出，减少胃的压力。

6. 喂奶时勿让宝宝吸得太急，应暂停片刻，待宝宝呼吸顺畅些再喂。

7. 奶瓶嘴孔适中，孔洞太小则吸吮费力，空气容易由嘴角处吸入口腔再吞入胃中；太大则奶水一次吸太多，会淹住咽喉，容易阻碍呼吸。

8. 特别容易溢奶的宝宝，满两三个月后，即可因为治疗的缘故，早期在奶水中添加米粉或麦粉，以增加其稠性，在胃中不易反逆而出。目前市面上有低溢奶的奶粉，也值得一试。

9. 喂食完毕后，勿让宝宝马上平躺，可以先把他上半身抱直并轻拍下背部使其嗳气。若欲躺下，则应将宝宝上半身放高些，并让他右侧卧，如此，胃中食物便不易流出。

对牛奶过敏

有些宝宝胃肠方面不舒服，如经常肚子痛、腹泻甚至大便带血，要考虑是不是因为本身对牛奶的过敏造成的。

其实各个年龄，不论大人小孩都有人对牛奶过敏，只是因为婴幼儿多以牛奶为主食，所以是最容易发生牛奶过敏的时期。

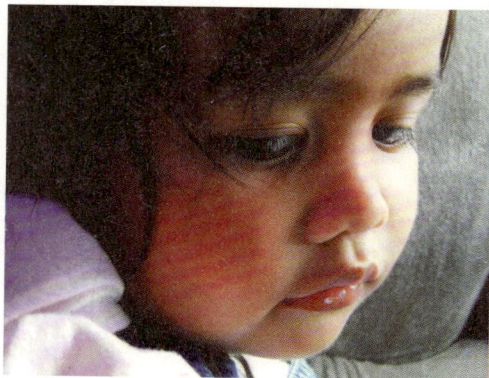

牛奶过敏的症状

造成牛奶过敏的原因是宝宝对牛奶中的蛋白质产生过敏反应，其症状是每当喝了牛奶之后，身体就会出现不适症状，最主要的是胃肠方面的不适，例如：粪便中带血、腹痛、腹胀……少部分的牛奶过敏也会引起婴幼儿或儿童便秘。

当牛奶中的蛋白质被胃肠吸收后，随着血流运送到全身各个器官部位，也会引起不同器官的过敏反应，进而引发其他次要症状，例如：

1. 皮肤方面：易有异位性皮肤炎，起红疹、过敏疹等。
2. 呼吸方面：易有气喘、气管炎、痰多、鼻炎、中耳炎等。
3. 其他如过敏性休克、肾脏症候群、夜尿、睡不安宁、烦躁、眼结膜炎、眼皮红肿等。

因应之道

1. 避免接触任何奶制品。对牛奶过敏的患者，通常只要停止接触牛奶，这些身体上的不适马上就会消失。
2. 用"蛋白质完全水解"的奶粉和"氨基酸配方"奶粉代替一般奶粉，这方面请请教小儿科医师。
3. 可以选用一些非牛奶蛋白所制成的奶粉，如豆奶粉、减敏奶粉、元素奶粉……这些又名"医泻奶粉"（即止泻奶粉），可供牛奶过敏或长期腹泻的宝宝食用。

预防之道

要如何预防牛奶过敏？美国小儿科医学会在2000年曾提出以下建议：

1. 喂哺母乳是最好的预防之道，且最好持续到一岁甚至一岁以上。
2. 喂母乳时，母亲应禁食花生、坚果（杏仁、胡桃等），同时应避免食用蛋、牛奶、鱼等。
3. 母亲喂母乳且禁食上述食品时，应考虑补充矿物质（钙）及维生素。
4. 对高危险人群的婴儿，若母乳不足时，可用低敏配方奶粉来补充。
5. 高危险人群婴儿，6个月以后才开始吃固体食物，一岁后才开始吃奶酪制品，两岁以后才开始吃蛋，3岁以后才开始食用花生、核桃和鱼类。
6. 怀孕时，不需特别忌讳易引起过敏的食物，唯要避免的是"花生"。

止泻奶粉

当宝宝拉肚子的时候，医师常会建议改喝止泻奶粉，但是什么是"止泻奶粉"？多吃有没有坏处？

泻肚子最常见的原因是肠子的黏膜发炎，发炎轻时肠黏膜只有红肿，重则可能溃烂出血。肠炎时，除了因为黏膜发炎不能吸收食物外，肠黏膜上的绒毛也会受损，进而使绒毛上面分解食物的消化酵素不足。最常见的是"乳糖酵素（lactase）"不够，当牛奶中的乳糖不能被分解吸收时，就会出现明显胀气、泻肚子等症状，医学上称之为"乳糖不耐症"。

止泻奶粉的成分

"止泻奶粉"就是针对肠胃吸收功能不好时的身体变化，把一般婴儿奶粉做些改变，使宝宝即使在泻肚子时也能吸收一些营养。其在成分上主要的改变有下列几个重点：

1.婴儿奶粉成分中最主要的糖类是乳糖，止泻奶粉则是把乳糖换掉，由半乳糖、麦芽糖……取代。

2.把不容易消化吸收的长碳链脂肪酸换成中、短碳链脂肪酸，甚至换成"自由脂肪酸（Free fat acid）"，使其更容易直接由肠道吸收。

3.把牛奶中的蛋白质用大豆蛋白取代，使其更容易吸收。因此，一般我们也常把止泻奶粉称为"豆奶"。

所以说，止泻奶粉只是把奶粉的成分作一些调整，使它在宝宝泻肚子时更容易吸收，但是整体的营养含量仍然足够，宝宝不会因为改吃止泻奶粉就发生营养不良的问题。

止泻奶粉要吃多久？

如果宝宝是轻微的腹泻（大便上没沾血），基本上在止泻以后，还要再多吃一周，因为肠子绒毛上的消化酵素要一周后才能恢复，并发挥正常功能。

如果宝宝的肠黏膜有溃烂，大便中间有一些黏液及血，此时可能要喝4~6周的止泻奶粉，因为溃烂的肠黏膜、绒毛以及酵素都需要花较长的时间恢复正常。

止泻奶粉营养均衡，可安心使用

早期在宝宝腹泻时，传统的方法，尤其家中有老人家时，时常把米磨成粉，然后熬米汤给宝宝吃；后来有了麦粉、米粉这些产品，就改成冲麦粉、米粉来代替牛奶，这些传统方法都能缓和腹泻，但是不论喝米汤、米粉或麦粉，其中所含的营养主要都是糖类，其他成分（包括蛋白质、脂肪酸）都不够，容易造成宝宝的营养不良。现在的止泻奶粉已能兼顾各方面的营养，做就不再建议用这些简易的传统方法。

羊 奶

羊奶是时下流行的食品，在广泛宣传之下，大家都觉得羊奶营养好，可保护气管。可是在欧美各国，尤其是盛产羊的北欧、澳洲等，都不鼓励喝羊奶，尤其反对完全以羊奶作为婴儿的主要食物，其主要原因有三：

1.羊奶中所含的矿物质太高，会对婴儿肾脏造成过重的负担。

2.羊奶缺乏人体造血系统最需要的铁质、叶酸，以及维生素C、D，常吃容易造成婴儿贫血。

澳洲即有文献报导，一位11个月大的男婴服用羊奶配方造成贫血，生长不良及血中叶酸浓度偏低。美国著名政治家罗勃甘乃迪在出生时，曾因体质过敏而被喂食羊奶，结果差点因为贫血而夭折。

3.羊奶中蛋白质的成分与人奶差异太大，长期服用对婴儿体内氨基酸的利用会造成不利的影响。最主要的是羊奶蛋白质中有一种Beta乳球蛋白的含量过高，人奶中则没有这种成分。此外，人奶蛋白质组成的成分中：酪蛋白与乳清蛋的百分比是40：60，而羊奶则高达78：22。因此，未经调整过的羊奶若要调制成适合人类婴儿可以吸收利用的标准，则会超过营养标准的每4.185千焦耳三五克的比例，而影响婴儿体内生长所需蛋白质的合成效率。所以至今以羊奶配方为基础的婴儿奶粉及较大婴儿奶粉在欧洲地区都不准使用。而部分亚洲国家，都还没有赶上相同的标准，甚至把羊奶婴儿奶粉的价格过度哄抬。

目前关于使用羊奶后成长情形的报告非常少，有一篇纽西兰、新西兰、奥克兰大学的研究报告：比较62位随机使用羊奶与牛奶配方奶粉的婴儿6个月后的生长情形，羊奶并无差异或优势！但因研究时间太短，样本数也不够，仍待更多的研究了解。

所以生产羊奶婴儿奶粉的厂商，有责任提出长期追踪的研究报告，是否有其优势价值？

保护气管的作用　尚未获得证实

羊奶能否"保护气管"，至今在医学上并没有证据，例如，欧盟食物安全委员会即不能支持此项论点。动物实验也证明羊奶与牛奶蛋白使用后引起的过敏反应甚为相似（大于90%）。在2004年的过敏期刊亦报导过，一位4个月大的婴儿，在使用牛奶配方奶粉过敏后，改用羊奶配方婴儿奶粉，但是仍然产生严重的过敏休克现象。

此外，销售羊奶的厂商在宣传上的某些诉求重点也有待商榷：

羊奶的宣传诉求	医学认为其诉求不成立的理由
强调羊奶所制奶粉的奶块在胃中的凝结比较细，比牛奶容易吸收	我们所使用的婴儿奶粉并非是未经处理的原始牛奶，所以将羊奶与原始牛奶相比，并不合理
强调羊奶比牛奶不易引起宝宝过敏	羊奶蛋白与牛奶蛋白相同的成分高达七成以上，两者造成宝宝过敏的机会并无明显差异
强调羊奶中含有与母奶类似的上皮细胞生长因子（Epidermal Growth Factor），所以较好	羊奶中的这种成分是否可代替母奶中的成分，仍有待证实

是否符合欧美日"国家标准"？

近来，有些厂商为了配合市场需求，已将羊奶做了些改良，使其成分能够合乎相关要求的基本标准，也能以婴儿奶粉的名称上市营销。站在医师的立场，任何产品能符合国家标准都是可以接受的。

不宜作为婴幼儿的主要食物

客观来说，羊奶是一种可以使用的营养，小孩各方面的发育都稳定了，肝肾的功能都发育好了，偶尔吃一些类似于羊奶等在成分上有一点问题的食物，但是不常吃，亦无大碍。可是站在医生的立场，就不建议把羊奶当成宝宝的例行食品来用，因为某些对身体负面影响的因子聚集愈多时，终会妨碍身体发育。

当然，也希望厂商能够把一般的羊奶加工改良，去掉对人体不好的成分，使一般人甚至婴幼儿都能长期安心使用。

牛奶之外的添加物

宝宝需不需要喝水？

不论是母奶或冲泡好的牛奶，其成分大多是水。医学上，正常人每天每千克体重大约需要100毫升的水分，如果宝宝喝的奶量正常，则奶中所含的水分已足够其每天基本的需求量了；但是如果天气热或是宝宝的活动量大，那么在喝奶的两餐之间另外喂给开水是可以的；不过话又说回来，如果宝宝不渴，他不喝水也是很正常。

父母有时候会问："怎么样宝宝才算不缺水分呢？"通常医生在判断宝宝有没有缺水时，会看他的嘴唇有没有干干的，头顶的前囟门处是否凹陷，如果是，即表示宝宝的水分不足。

随着宝宝长大，他的活动力会愈来愈强，大约到了4个月以上，其身体消耗的水分比较多，才比较需要喝水。

如果宝宝尿液太黄，你担心他尿浓度太高，可以去检验，只要比重在1 003～1 030就没事。

宝宝喝水要不要加葡萄糖？

绝对不要！过去有些人以为加葡萄糖可以增加营养，但那是很"薄"的营养，不仅对身体没有什么帮助，还会使宝宝养成"只吃甜食"的偏食习惯，更容易发胖，可以说是百害而无一利，所以给宝宝喝水不建议加葡萄糖。

早期在治疗宝宝便秘的时候，有些医生会建议给宝宝喝5%的葡萄糖水，这是有效的治疗方法之一，但是现在有许多代替方法，所以已很少使用了。

可以喂宝宝吃蜂蜜吗？

许多父母为了调味或增加营养或解决宝宝便秘的问题，常在宝宝所喝的水中，甚至牛奶中加入蜂蜜。

可是你知道吗？蜂蜜很容易遭受多种细菌的污染，相关机构曾对市售蜂蜜做过调查，发现有七成遭受真菌污染，二成含有酵母菌，有些还富含肉毒杆菌的孢子，显示大部分蜂蜜的收集及制作过程有问题，尤其是自家生产推出于市面贩售的蜂蜜质量更有问题。

婴幼儿胃肠功能尚未发展成熟，细菌并不能被彻底灭除，还有可能在肠道中继续繁殖及分泌毒素，当它被宝宝的身体吸收后，便会破坏其脆弱的防御系统而致病。成人抵抗力较佳，服用蜂蜜则不会有问题。

国内外都曾有幼儿食用蜂蜜致死的案例发生，尤其是属于"肉毒杆菌"的污染最为严重，它可以释放出特殊的神经毒素，造成婴幼儿呕吐、神志不清、语言障碍、吞咽及呼吸困难、视力模糊和瞳孔放大，死亡率相当高。因此，一岁之内的宝宝最好不要食用蜂蜜。

宝宝需要添加维生素吗？

现有的婴儿奶粉，甚至一般婴儿常用的米粉、麦粉中都添加了相当充足的维生素，其种类在外装罐子上有很清楚的成分标示。因此，如果宝宝的奶量或胃口正常，他由其中所得到的维生素含量是足够身体需要的；如果宝宝的胃口不好，吃的量不够，父母才需要请教小儿科医师，斟酌是否需要额外补充维生素。

如果你的宝宝是早产儿，尤其是早产的时间比较早的，如28周以下或体重在1 000克以下，除了出生时医生会为他注射维生素K，以防止出血之外，医生还会另外给他一些维生素E，以保护其肺部及视网膜。至于是否需要其他的维生素，医师会视其发育状况决定要不要给予。

鱼肝油、钙片可以保护气管吗？

虽然民间常流传"吃鱼肝油或钙片可以护气管"，但这种说法在医学上是无法成立的。

鱼肝油的成分以维生素A及D为主，维生素A主要是用于干眼症与夜盲症；维生素D的作用则是促进钙质的吸收，与骨骼的生长有关，严重缺乏时会出现佝偻病。而钙片所提供的钙质，主要也是供应骨骼生长所需。

在人体内，电解质中的钙离子有一部分具有稳定细胞膜的作用，但是对于过敏、气喘之类的帮助却很少，所以综观治疗气喘过敏的各种书籍，并找不到维生素D或钙片对保护气管有任何帮助的只字或词组。

鱼肝油或钙片如果吃多了，不但不能保护气管，反而会出现中毒现象。因为维生素A和D都是脂溶性维生素，也就是只能溶解在脂肪中，不能被水溶解，所以无法借由小便排掉（相反的，维生素B、C可溶于水，吃多了可由小便排掉）。当人体吃入大量脂溶性维生素却又排不掉时，其便会在体内大量聚集，会造成"维生素中毒症（Vitaminosis）"，导致宝宝皮肤干燥、反应迟钝、胃口不好。

维生素D和钙质过多时，会使肾脏的电解质负担过重，进而出现肾结石或肾衰竭等现象。所以，父母不需要以"保护气管"之名，额外给予宝宝鱼肝油和钙片，如此反而有害无益。

厌食、胃口不好

六个月大的厌奶期

通常，宝宝到了6个月左右（有的甚至于早到4个月大时，所以市面上不乏各厂商提供的4个月大婴儿副食品）就会出现"厌奶期"。如果你的宝宝在这一段年龄出现不吃奶的现象，即表示他长大了，他的活动量比以前增加了，需要更多的热量及营养来提供他活动及生长发育，不能只单独依靠营养有限的牛奶。

● **宝宝长大了**：宝宝的身体这时候自然开始出现一些变化：包括肠道内消化牛奶的乳糖酵素（lactase）开始减少，肠道的功能不再是以消化奶类为主；舌头的味觉也开始发育，开始对一般不同味道的食物有兴趣。这些变化会使得宝宝到了这个年龄自然而然厌奶，并开始对其他食物有兴趣，这时候父母就不能一味地只要他继续喝奶。宝宝不喝奶是给父母一个讯号——我长大了，父母应该开始试着喂他一些婴儿副食品。

● **添加副食品的时候到了**：有的家长会说：我给他了，但是他似乎还是不太想吃的样子。

的确，宝宝在刚换东西吃的时候，尤其是由吸奶嘴的动作换成用汤匙喂食的时候，也是要经过适应与学习。所以刚开始时，他会把汤匙用舌头顶出来，吞咽得也不好，但是父母要有耐心，大约过一两个礼拜，他就会吃得不错了。

大家如果注意到哺乳类动物的发育就可以推想到我们人类了：例如，老虎、狮子、牛、羊、猫、狗也都是小的时候吃奶，长大了自然要吃别的东西，因为不吃肉不吃草就会饿死，吃了反而长得大、长得壮；如果他一直赖着妈妈吃奶，他的妈妈便会把他赶走。而人类的母亲做法却相反：一直要给宝宝奶喝，而忽略了添加婴儿副食品的重要性。

● **环境改变、生病也会影响胃口**：除此之外，宝宝在哪些情形下还会厌食呢？例如，刚从医院带回家的时候、换环境、由不同的人照顾……都会出现短暂的厌食现象，也都会很快的过去。但是如果是因为生病造成的胃口不好，如甲状腺功能不足、先天性心脏病等疾病，则需要与医师配合，因为那是长远的问题。

但是基本上家长还是要了解，每一个人的"胃口"和"需求"乃因人而异，生长得好不好才是最重要的指标。

较大宝宝的厌食问题

6个月以上到三五岁的小朋友，对于正常的食物也时常会出现厌食现象，令家长非常担心。举一个网络上家长的问题为例：

你好，我的小朋友目前14个月，近一个月几乎不吃任何副食品，且喝的奶量也不超过100毫升，医生总是说只要小朋友精神不错就不用担心，但是因为吃得少，体重没有增加也没关系吗？要如何判断小朋友的不吃是"正常现象"，还是"身体不正常"所引起？

关于此类问题，我的回答如下：

1. 宝宝长大以后，尤其一岁以上，活动力较强，对外界比较好奇，胃口的差异性也是很大。

2. 家长一定要了解，每个人的胃口因人而异，"生长得好不好"才是最重要的指标。身高、体重、活动力都是非常重要的观察点。如果胃口不好，但是生长发育正常就不用担心。

3. 小朋友的生长本身并不是非常平均的，所以如果把体重、身高画在"生长曲线图"上，父母会发现小朋友有时长得快，有时长得慢，不是完全与曲线符合，但是其平均值与曲线符合就可以了（请参考第128页）。

4. 正常小朋友可以有"生理性的厌食"现象，这种厌食一般不会超过两三个月，很快就会恢复正常。反应在身高上，即是这一段时间长得慢，以后一段时间又追得很快。

5. 有时小朋友的厌食是环境造成的，如一边吃饭一边看电视、玩玩具，因为分心而影响进食的情况，所以吃饭的时候不能对孩子百依百顺，而要从小养成专心吃饭的习惯。

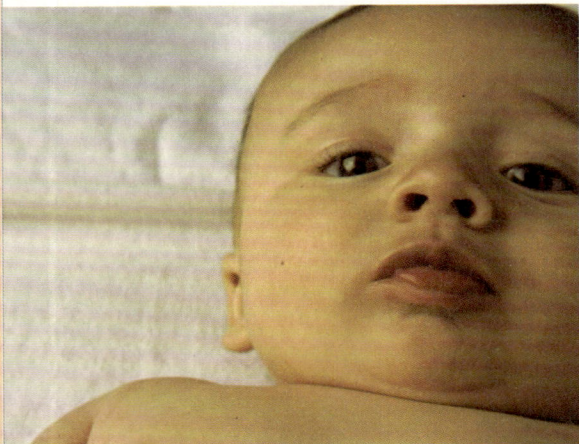

? 不要在宝宝睡觉时喂奶

有些父母在宝宝昏昏入睡的状态下，半强迫式地猛灌奶水，宝宝既然在睡觉时糊里糊涂地被灌饱了，清醒时必定缺少饥饿感，所以对吃没有兴趣。长此以往，养成清醒时不吃的习惯，是很不好的。

换奶 较大婴儿奶粉

婴儿前数个月以母乳为最佳营养来源，是毋庸置疑的；无法哺育母乳者，唯一的替代品是婴儿配方奶，也是小儿科医师与营养学者们的共识。然而，在厂商强力推其不同阶段较大婴儿奶粉或成长奶粉的情形下，许多父母常以为宝宝不按照年龄换不同的奶粉就会营养不够。

一岁以前不用换奶粉

事实上，6个月以上的较大宝宝逐渐以婴儿副食品为主食，营养的摄取来源也变得多样化，如果父母帮他添加婴儿副食品的情况正常，并不需担心宝宝会有任何营养上的问题。

当然，在营养学上，牛奶是一种很好、很方便的食物，也能提供一些质量很好的基本营养来源，平常多喝牛奶对任何人都是好的，所以医学上并不反对持续给宝宝喝牛奶，只要不影响宝宝副食品的添加就好。至于在满6个月或一岁时，是否有必要改喝"较大婴儿奶粉"或"成长奶粉"？答案是"没有必要"。

目前小儿科医师所公认的观念是：在一岁以内可以都用相同的婴儿奶粉，一岁以后再换成一般人喝的全脂奶粉就可以了。

如果开始添加副食品时，宝宝的接受度不好，怕营养不够，可以选择一些蛋白含量较高的较大婴儿奶粉或成长奶粉作为补充，平均6个月到一岁的宝宝一天喝三四次，一岁以上一天喝两次。

较大婴儿奶粉容易引起便秘

"便秘"是喝较大婴儿奶粉的宝宝最常出现的生理问题，因为一般的较大婴儿奶粉含有较多的蛋白质、矿物质、钙、磷等成分，尤其是宝宝的婴儿副食品添加得不理想，含有纤维质的食物（蔬菜、豆类）摄取不足时更容易发生。因此，这个阶段年龄的宝宝如果发生便秘时，医生通常会优先考虑到，他是否在喝较大婴儿奶粉。

此类便秘的处理方式建议如下：

- 让宝宝多吃高纤维食物。
- 把较大婴儿奶粉换回为一般的婴儿奶粉，蛋白质及矿物质的含量降低后，便秘的情形就会改善了。
- 如果宝宝已经一岁以上，则可直接换成一般成人喝的牛奶。

断 奶

举凡任何小动物，哺乳都有一定期限，最主要的原因是奶汁的营养含量很少，大约只有2.8焦耳／毫升，所以只能提供小动物（含人类）早期的营养。随着动物日益长大，学会走路、活动量比较大，需要多一点营养的时候，奶的营养就不够了。此时，各种动物逐渐转移到他本身正常的食物，例如：老虎要去吃肉，牛要去吃草。每一种动物都有他本身的断奶期，人类宝宝的断奶期是6个月左右。

如果不断奶，不吃正常食物（如婴儿副食品）会怎么样？答案很简单，即营养不足，生长发育不好。当然，现在有人工做的奶粉可买，厂商又制造出各种年龄的"较大婴儿奶粉"销售，大家常被误导：以为长大了，不吃那个年龄层的较大婴儿奶粉就营养不够。

喝奶从正餐变成点心

事实上，我们一般吃的食物，每克的饭及蛋白质（肉）都有16.72焦耳的营养，脂肪有37.62焦耳的营养，远比奶的营养高很多。以成人来说，一般只要吃两碗饭，肚子就会有饱足感；相对的，如果以牛奶代替中餐或晚餐，不吃饭只喝两碗牛奶，那种感觉就好像喝水一样，解不了饥。

对于6个月以上的婴儿来说，牛奶和母奶已由原来的主要食品变成了"辅助食品"，反倒是常被一般人误称为副食品的"婴儿副食品"，包括半流质、半固体的，甚至于大于一岁以上所吃固体的食物，才是较大婴儿的主食。此时，父母应多为宝宝亲手制作各种口味的半流质或半固体食物，并且经常变换口味，如果能兼顾色、香、味，宝宝的胃口必然更好，也会长得更好。

门诊时，常看到许多父母不了解这个道理，宝宝早已超过6个月大了，却仍然以牛奶为主食，养得瘦瘦的，只希望医生能帮宝宝开一些"开胃"的药，好让宝宝多喝一些奶。当然这背后还有一些社会问题，如母亲是职业妇女，有空为宝宝做婴儿副食品的时间不多，再加上喝奶较方便，妈妈难免有些惰性。

自制婴儿副食品

其实，宝宝的婴儿副食品并不需要餐餐做，可以一两天做一次，一次做两三种，放在冰箱冷藏，兼顾味道和样式的变化，每一餐拿出来加热一下即可食用，不仅新鲜，也很方便，宝宝会喜欢吃的。不过，可别每天都给他吃相同的食品，或总是做得淡而无味像糨糊一样，那样任何人也很快就会吃腻。

即使在目前的一般美国家庭，也并非都买现成的婴儿副食品给宝宝吃，因为现成的婴儿副食品虽有其方便性，但是还是普遍淡而无味、变化不多，且少了那么一点"妈妈的味道"。

断奶？断奶瓶也！

一岁以后，当固体食物逐渐变成主食时，"什么时候可以断奶？"是很多父母所挂心的。正确的观念应该是"断奶瓶"，而非"断奶"，亦即逐渐改用汤匙喂食，减少使用奶瓶的频率，使宝宝慢慢熟悉成人的饮食方式。至于宝宝改吃一般成人食用的奶粉或鲜奶，则建议在一周岁以后为宜。

副食品的添加

当宝宝慢慢长大，在4~6个月大时，母乳或婴儿奶粉的营养慢慢不能满足成长发育所需时，宝宝就开始对一些流质、半流质的食品发生兴趣。这是一个自然的成长过程，父母在此将扮演非常重要的角色。

何时开始添加副食品？

有以下3个指标，择一而行：

1. 当每天摄取奶量超过1 000毫升（或32盎司）以上时。
2. 当婴儿体重为出生体重的两倍时。
3. 当婴儿长至4~6个月大以上时。

一般而言，婴儿4~6个月大时，每天摄取的奶量约为1 000毫升，体重也增为出生时的两倍。正常婴儿的这3个时机是一致的。

从营养学的立场来看，一个正常的足产婴儿，如果食量正常，在4个月以前，无论是喂食母乳或喂食婴儿配方，均可提供完整营养而让婴儿顺利成长。而主持消化大计的肝脏，在4~6个月大才慢慢成熟，因此含淀粉、蛋白质动物性脂肪较多的食物，以4~6个月之后逐渐加入为宜。

副食品添加的种类

1. 以米粉、麦粉、蔬菜泥、水果泥开始，可以训练宝宝早期的咀嚼及吞咽动作。这些食物亦含有丰富的钙、铁，可提供宝宝较多的热量。
2. 稻米在谷类食品中是最少引起过敏的；肉类或蛋黄所含的"过敏原"也较少，但是蛋白则含有较多过敏原。婴儿的胃肠在尚未成熟之前，很容易因吃下某些"异类蛋白"而造成过敏，因此，最好在宝宝4~6个月大后，再开始酌量（但不宜过多）给予。
3. 果汁的添加宜先稀释，再逐渐增加浓度。

4. 很多妈妈在初期就喂予婴儿果汁，尤其是橙子、橘子汁。根据研究指出，柑橘类是较易引起过敏的食物，有过敏体质的宝宝应延后给予。

5. 现代的成年人怕得高血压、心脏病，因此都会注意，尽量吃低脂、低胆固醇、低热量的食品，但若因此而提早给婴儿吃低脂或低胆固醇食品是不正确的，因为脂肪也是重要的营养来源，且2岁以内婴幼儿，脑部发育需要足够的"必需脂肪酸"与"胆固醇"，因此不应限制。

副食品的制作与保存

1. 制作固体食物时，除应将食物及用具洗净外，双手也应洗净。

2. 不要添加太多的调味料，如甜、咸、味精等各种佐料，养成宝宝口味清淡的饮食习惯，避免未来出现高血压、肥胖、糖尿病等问题。

3. 自制的副食品自冰箱取出后，放在室温下超过2小时，即不宜再放回冰箱。

4. 若购买市面上现成的婴儿副食品，除用具及手应洗净外，还应注意"有效期限"。开罐后的婴儿食物若不能实时吃完，可置于冰箱中冷藏，并于24小时内食用，若再吃不完则应丢弃。

添加副食品的原则

1. 副食品的添加以"逐渐增加、少量化、单纯化"为主。

2. 如果宝宝吃了新添加的食物而出疹子、腹泻、呕吐时，则须暂停喂宝宝吃这种食物，等隔一段时间之后，再试着重新添加，以适合宝宝的吸收能力。

喂食技巧

· 为宝宝准备一个舒适、轻松的环境，并加以鼓励。

· 最好先让宝宝吃完半流质、半固体等食物之后，再喝牛奶。

· 食物的温度不可太高，以避免烫伤宝宝的口腔或皮肤。

· 最好将固体食物盛装于碗或杯内，以汤匙喂食，使宝宝适应成人的饮食方式。

· 不要强迫宝宝将所有准备好的食物都吃完。

幼儿期以后的营养供给原则
1	多样化的食物
2	盐的摄取，不宜过多（每天不超过5克）
3	一天的总热量中，建议unrefinedcomplexsugar（非精制糖，如淀粉质）约占48％，refinedsugar（精制糖，如蔗糖）约占10％以下，"饱和性脂肪"占7％～10％
4	两岁以后，脂肪的摄取占总热量的30％～33％
5	两岁以后，胆固醇摄取量，少于150mg/4 185千焦（或300mg/天）
6	适度增加膳食纤维的摄取，但亦不宜过多
7	适度增加铁、钙、氟的摄取
8	避免肥胖症的发生

参考资料：National Academy of Science，1989

副食品添加建议表 （小儿科医学会建议）

月龄	食　物	添加及烹调指示	喂哺指示	每日饮食量
1个月	母乳		每2~3小时喂奶一次	90～120毫升／每天7次
	婴儿奶粉	请依指示冲调（注意奶粉与水量比）	请用奶瓶，每次喂90～120毫升	
2个月	母乳		每2~3小时喂奶一次	120～150毫升／每天6次（夜间可减少一次）
	婴儿奶粉	请依指示冲调（注意奶粉与水量比）	请用奶瓶，每次喂120～150毫升（夜间可减少一次）	
3个月	母乳		每2~3小时喂奶一次	150毫升／每天5次
	婴儿奶粉	请依指示冲调	请用奶瓶，每次喂l50毫升	
	果汁（橘子，橙子、番石榴、西红柿等）	新鲜水果压挤果汁，通常与等量开水混合	在任何两次喂奶之间，每天一次	开始给10毫升，可以增加至30毫升

副食品添加建议表

4个月	母奶		每天喂奶5次，夜间一次可以停喂	180毫升每天5次
	婴儿奶粉	请依指示冲调	每天喂奶5次，夜间一次可以停喂	
	果汁（香蕉、木瓜、苹果、橘子及凤梨）	新鲜水果与开水混合	每天一次	以30～40毫升为宜
	果泥（香蕉、木瓜、苹果、橘子及凤梨）	除成熟香蕉外，以炖熟为佳，用汤匙弄碎	开始时给予1茶匙，慢慢增加到3茶匙	3汤匙
	菜泥（高丽菜、豌豆、胡萝卜、马铃薯、菠菜）	煮熟到柔软，弄碎，一次只给一种蔬菜，再慢慢增加	可用茶匙喂食，开始时给予1茶匙，再依照婴胃口与成长，可增加到6至8汤匙	6～8汤匙
	谷类（麦糊、米糊、麦精片）	与温开水或婴儿奶粉混合成为麦糊	1茶匙，慢慢增加到3茶匙	1～3汤匙
5个月	母奶		同4个月，其中一次可以牛奶代替	180～210毫升／每天5次
	婴儿奶粉	请依指示冲调	同4个月	
	果汁、果泥、菜泥、谷类	同4个月	同4个月	同4个月
	土司	烤至棕黄色	让婴儿咀嚼，强壮牙床	一小片
	肉泥／肝泥	煮熟，弄碎，单独或与麦糊混合	开始时1茶匙，慢慢增加到2汤匙	从1茶匙增加到2茶匙
6至8个月	母奶		每天4次，喂母奶者可逐渐以牛奶代替	240毫升／每天4次
	婴儿奶粉	请依指示冲调	可以改用杯子	60毫升
	果汁	新鲜果汁，开水慢慢减少至只给纯果汁	可以改用杯子	3汤匙
	水果	7个月开始可以吃生水果		6～8汤匙

副食品添加建议表

续表

	蔬菜		1至2茶匙，慢慢增加到半碗	半碗
	谷类、粥、细面、土司	可与碎肉、蔬菜共煮	让婴儿咀嚼，强壮牙床	一小口
	肉／肝		开始时一茶匙，慢慢增加到2汤匙	2汤匙
	下列食物可以在此阶段添加，每天一次，每次可喂一种新食物，等习惯后在加另一种新食物，等到习惯吃过4~5种不同的食物后，每天可以混合喂食。				
6~8个月	蒸蛋	将蛋打在碗内，加水至八分满，搅拌均匀后蒸8分钟	开始给1汤匙，慢慢增加到1个蛋	1汤匙至1个蛋
	豆腐	煮熟弄碎，即可喂食	开始给1匙，慢慢增加到2汤匙	1~6汤匙
	鱼（吻仔鱼、白鲳鱼、白带鱼、旗鱼）	用水将鱼煮熟，弄碎，要把鱼刺弄干净	开始给一汤匙，慢慢增加到2汤匙以上两者可一天给1至3次	1~8汤匙
	瘦肉汤			1~3汤匙
9~11个月	牛奶、婴儿奶粉	同6~8个月	每天喂婴儿奶粉2~3次	婴儿奶粉240毫升／每天2~3次
	水果、蔬菜、蛋	同6~8个月	同6~8个月	同6~8个月
	豆制品	同6~8个月	同6~8个月	同6~8个月
	粥、麦片、细面等	同6~8个月	同6~8个月	同6~8个月
	鱼、肉	煮熟、弄碎	慢慢增加到1汤匙半，每天2至3次	3~5汤匙
12个月以上	各式食物、牛奶、水果等	一般家常食物之做法	三餐与大人同时吃，上午10时与下午3时可给牛奶或水果等为点心，尽量不要给幼儿吃糖果、巧克力糖等甜食	

注意事项：

1. 由少量逐渐增加。

2. 一次勿给两种以上的新食物。

3. 喂给后注意宝宝大便和皮肤状况，如有腹泻或起疹子，则应停止喂食，待一星期后再尝试给予。

婴儿每天饮食建议表

月龄	母乳喂养次数/一天	婴儿配方食品喂养次数/一天	冲泡婴儿配方食品量/一次	水果类		蔬菜类	五谷类	蛋豆鱼肉肝类
				主要营养素	维生素A、维生素C、水分、纤维质	维生素A 维生素C 水分纤维质	糖类 蛋白质 维生素B	蛋白质、脂肪、铁质、钙质、复合维生素B、维生素A
1	7	7	90~140毫升					
2	6	6	100~160毫升					
3	6	5						
4 5 6	5	5	170~200毫升	果汁1~2茶匙		青菜汤1~2茶匙	▶稀饭、面条、面线$1\frac{1}{4}$~2碗 ▶吐司面包2片半~4片 ▶馒头2/3~1个 ▶米糊、麦糊2碗半~4碗	▶蛋黄泥2~3个 ▶豆腐1~$1\frac{1}{2}$个四方块 ▶豆浆1杯至1杯半（240~360毫升） ▶鱼、肉、肝泥20~75克 ▶鱼松、肉松25~30克
7 8 9	4	4	200~250毫升	果汁或果泥		剁碎蔬菜2~4汤匙	▶稀饭、面条、面线$1\frac{1}{4}$~2碗 ▶吐司面包2片半~4片 ▶馒头2/3~1个 ▶米糊、麦糊2碗半~4碗	▶蛋黄泥2~3个 ▶豆腐1~$1\frac{1}{2}$个四方块 ▶豆浆1杯至1杯半（240~360毫升） ▶鱼、肉、肝泥50~75克 ▶鱼松、肉松25~30克

10	3	3				◗蒸全蛋1个半~2个
11	2	11				◗豆腐$1\frac{1}{2}$~2个四方块
12	1	2	200~250毫升	果汁或果泥2~4汤匙	剁碎蔬菜2~4汤匙	◗稀饭、面条、面线$1\frac{1}{4}$~2碗 ◗干饭1~1碗半 ◗吐司面包2片半~4片 ◗馒头2/3~1个 ◗米糊、麦糊2碗半~4碗

（续表右列合并内容）
◗豆浆1杯半~2杯（360~480毫升）
◗鱼、肉、肝泥50~100克
◗鱼松、肉松25~40克

备注	1.表内所列喂养母奶或婴儿配方食品次数，系指完全以母奶或婴儿配方食品喂养者，若母奶不足加喂婴儿配方食品时，应适当安排喂养次数。 2.各类食品中的分量为每日的总建议量，母亲可将所需分量分别由该类中其他种类食品供给。 3.7至9个月宝宝的食谱范例： ◗早餐：米糊（半碗）、母奶或婴儿配方食品 ◗早点：母奶或婴儿配方食品 ◗午餐：鱼肉泥（25克）、稀饭（半碗）、香瓜泥（1汤匙） ◗午点：母奶或婴儿配方食品 ◗晚餐：蛋黄泥（1汤匙）、面条（半碗）、菠菜泥（1汤匙） ◗晚点：母奶或婴儿配方食品

第 6 章

成长 与 发展

体重与身高

出生前6个月，体重增加快

正常宝宝出生后，前半年是体重增加最快速的时期，但是身高却改变得不多。这6个月中，平均每个月的体重会增加1千克左右，所以前6个月的宝宝看起来多半是胖嘟嘟的；到6个月大时，平均的体重已由出生时的3.3千克左右上升到8千克，所以父母较有成就感。

六个月至一岁，身高长得快

但是到了6个月到一岁的半年间，宝宝的身高长得比较快，身高拉长得比较明显，但是体重在这半年间平均只增加2千克左右，到了一岁只有10千克左右。这不是宝宝变瘦，而是他正常的生长过程就是这样。大家可以参考"生长曲线图"（请参考第128页）。

每个宝宝都有他的生长曲线

每个人先天的遗传、体质不同，出生体重的轻重、身材的高低有不同的生长曲线，有的人个子娇小一点，但是智力和其他各方面的能力都能与同年龄的一样，也没有什么不好。

正常宝宝的生长，原则上是顺着他那个百分率的曲线图（如50%、75%等等的曲线），但是可能因为每一位段期间受胃口的好坏、偶尔的生病所影响，也不是一直固定地沿着曲线走，只要平均值是在那一条曲线上就可以了。如果一下子偏离超过两条曲线，不论往上或往下，那就是不正常了。

有时长得快，有时长得慢

季节变化、环境改变、照顾的人改变等因素，都可能使宝宝在某一段时间的胃口变差。只要时间不是太长，如是在两三个星期内，且没有生病的症状同时存在，父母是不用太担心的。事实上，每个宝宝的生长过程大多都是一段时间长得快、一段时间长得慢，只要平均起来正常，就没有关系。

遗传有影响

此外，每一个人的生长快慢变化，还要考虑其父母的情形，因为遗传的影响也是很重要的。如果父母都不高，硬要把宝宝与别人的比，希望他胃口有多大，长得有多快，往往事与愿违。如果父母之一当初小时候是那种大器晚成型，宝宝在未来成长的过程中，也可能会是那种小时候长得慢，到了高中以后才开始窜高的类型。

请教医生的意见

如果父母觉得宝宝成长的速度有问题，应多方面考量，最好与医师再研究一下有没有任何疾病。如果不是疾病的影响，大多建议顺其自然，观察其变化就可以了。

"生长曲线"的意义

· 每个宝宝的生长情形会受其家族遗传、身体疾病、营养状况……所影响，宝宝的身高、体重会沿着一定的生长曲线发展，但不是必然任何阶段都是在该曲线上，只要其平均值与该曲线符合即可。

· 波动偏离超过两条曲线的范围就要特别注意。

· 出生时体重过重或过轻者，在出生几个月后就会回到他本身的正常生长曲线位置。

· 宝宝在生病期间，即使只有短短几天，体重也可能出现明显的变化，所以父母最好要等到宝宝康复后再测量，结果才能作为参考。

· 一岁以内的宝宝，身高的变化并不准确，除非特别矮小或高大，否则不用特别担心。

· 早产儿的头围比较大，身躯比较小，资料不在此曲线图内。

· 宝宝的生长曲线在3%以下及97%以上，才表示有明显的不正常。

新版儿童生长曲线

自2007年5月18日起，正式启用新版儿童生长曲线，作为我国台湾婴幼儿生长标准的参考，此项新版儿童生长曲线图，是采用世界卫生组织公布适用全球0～5岁儿童生长曲线标准图。儿童营养与生长发育息息相关，定期接受儿童预防保健，都是让宝宝更健康的措施。

体重与身高

体重

正常宝宝的体重应该是：4个月大时是出生体重的2倍，一岁时为出生体重的3倍，两岁半则为出生体重的4倍。

身高

平均出生身高为58厘米，半岁时长6厘米，为64厘米；半岁到一岁长11厘米，为75厘米；两岁约85厘米；以后5岁之前每年长6～7厘米。

新版兒童生長曲線圖

女孩年齡別身長／身高圖
出生至5歲的百分位

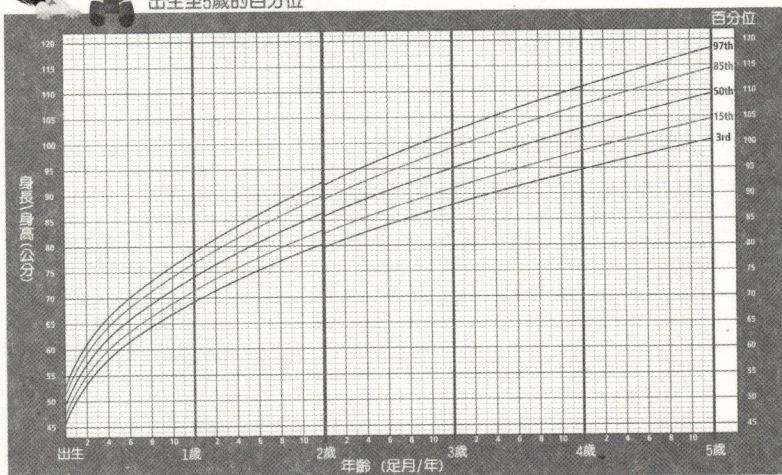

百分位

97th
85th
50th
15th
3rd

身長／身高（公分）

年齡（足月/年）

出生　1歲　2歲　3歲　4歲　5歲

女孩年齡別體重圖
出生至5歲的百分位

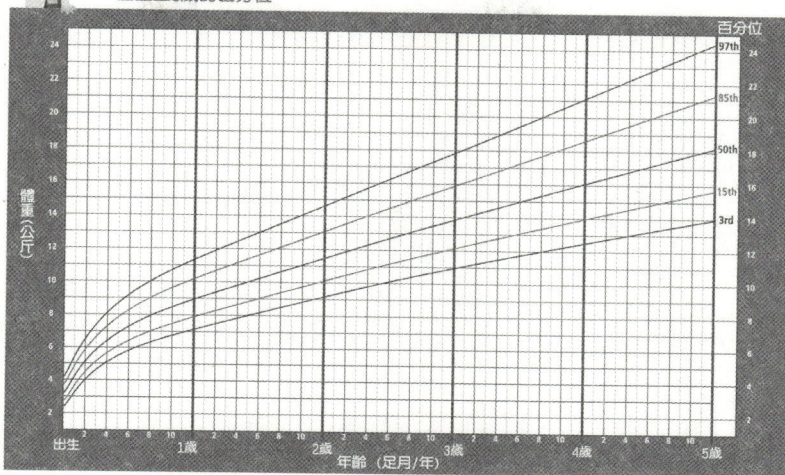

新版兒童生長曲線圖

男孩年齡別身長／身高圖
出生至5歲的百分位

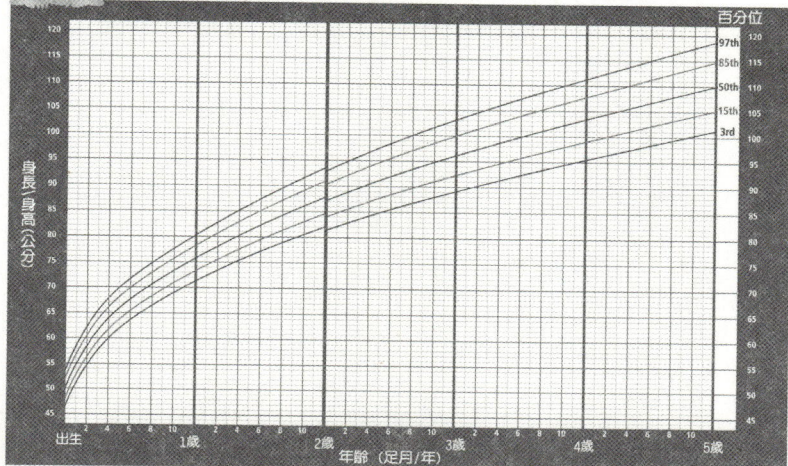

男孩年齡別體重圖
出生至5歲的百分位

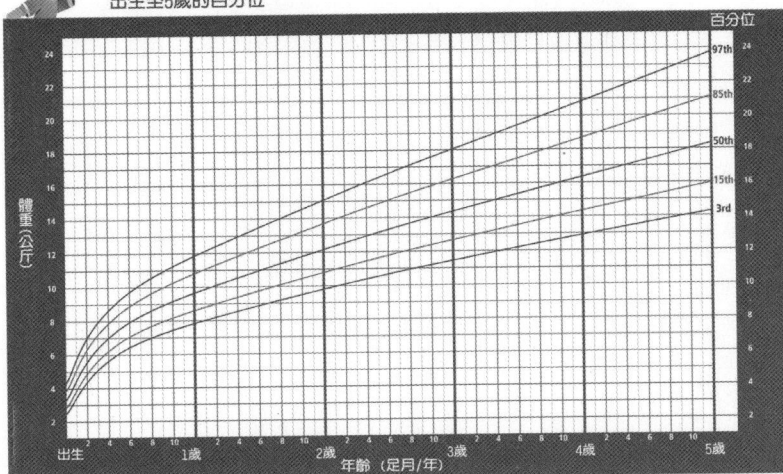

百分位

體重（公斤）

97th
85th
50th
15th
3rd

出生　　1歲　　2歲　　3歲　　4歲　　5歲
年齡（足月/年）

体重过低要紧吗？

出生时体重过低的可能原因

有些宝宝出生时体重就比较轻，这种宝宝如果不是因为早产而体重过低，其他要考虑到的可能造成宝宝体重过低的原因有下列几种：

· 是不是母亲怀孕时的身体状况不好影响到胎儿期的发育？

· 是不是怀孕期间胎盘有问题，使营养不能由胎盘传给宝宝？

· 是不是宝宝本身有某些疾病，这些疾病影响到宝宝的发育？

▶ **务必与接生的妇产科、小儿科医师沟通：**以上这些因素都可能会长期影响宝宝的正常发育，使母亲有挫折感，所以如果宝宝有不明原因的体重过低，一定要尽量发掘出潜在的问题。母亲可与原来接生的妇产科、小儿科医生做一次详细的沟通，了解宝宝在未来发育中可能面临的各种问题，有计划地坦然以对，才能给宝宝最好的照顾。

遗传因素

如果前述的各方面都没有问题，吃的也正常，这时候就要考虑到是否父母某一方的身材比较娇小？或是父母其中一人在小的时候也是很瘦，中学以后才长高、长壮，属于"大器晚成型"？而宝宝的生长正因为遗传到父母的特性，所以也就是小时候长得慢，日后才快速追赶。

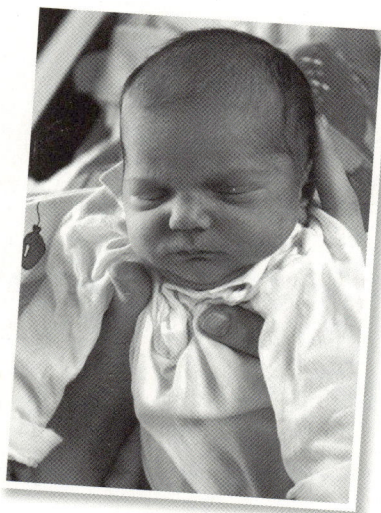

饮食习惯不佳

如果没有任何疾病，一直到三五岁体重仍然偏低，则要考虑另一个问题：是否与家长照顾的方法及生活饮食习惯有关？可能宝宝只喝牛奶不吃正餐，可能吃饭时边吃边看电视、玩玩具，根本没有专心吃过饭，本书在其他部分都有讨论。

身材太胖怎么办？

肥胖是现代人类的困扰，为什么现代人胖的愈来愈多？为什么父母本身不胖，可孩子却体态丰盈？其实和饮食习惯大有关系。

最近的医学报导指出，3岁以下的肥胖宝宝，如果父母并不肥胖，则及早好好控制，未来是不会长成大胖子的；但是如果随着年龄的增加继续肥胖，不论父母是不是胖子，将来长大后是胖子的机会便大为增加。

肥胖的定义

· 一般认为在成长曲线图上超过90个百分位以上，就是肥胖。

· 另一种常用的测量方法是：先算出"BMI（身体质量指数）"，BMI ＝〔体重÷身高（米）〕²，如果体重超过"BMI + 14"以上就称为肥胖。

· 当然还有一些测量脂肪厚度的方法都很常用，尤其是测量腹部腰围，方法实在很多，在此便不多叙述。

胖的后天因素

肥胖除了会造成生活不便、引起疾病外，太在乎外表的人还会引起心理上的自卑。为什么很多小朋友从小就开始肥胖呢？最主要的还是由于现代生活方式的改变：

▶ **平日生活中，静态的室内活动多，而动态的室外运动少**：像是从小把看电视当休闲，久坐不动，体内过多的营养当然无法消耗。

▶ **正餐中高热量的各类食物过多**：统计中可以发现，肥胖的小朋友（甚至成人）一日三餐中常以肉类为主食，米饭及蔬菜类明显过少。

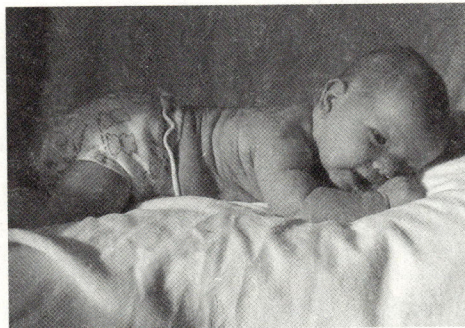

● **过多的零食和消夜**：经常在非用餐时间或是看电视时吃了太多的高卡路里的各式零食、饮料或消夜，如可乐、巧克力、薯条、鸡块、糖果……

肥胖也会遗传

当然，如果父母或祖父母肥胖，子女因遗传影响也比较容易肥胖。统计上了解，如果父母两人都是胖子，子女是胖子的机会有2/3；同卵双生的双胞胎即使不生活在一起，也约有2/3的机会两人未来都是胖子。

胖者，睡眠呼吸要注意

肥胖除了会造成孩子未来的心理障碍，影响合群性及团体生活，严重者也可能造成呼吸道的阻塞，引起睡眠时的呼吸中止，甚至死亡。

所以，如果肥胖的小朋友在睡眠时出现严重打鼾，甚至呼吸中止现象者，应该去找医生检查。有些小朋友也会因为肥胖，体重太重造成大腿的"股骨头"坏死，或是骨头在发育中间变形。

肥胖问题的处理

基本上，并不建议给小朋友吃减肥药，也不建议用手术治疗。

● **确定是否为药物或疾病所引起**：

单纯的肥胖不会影响身高；如果肥胖再加上身高不太长，就要考虑：

- 是否有服用含有类固醇之类的药品。治疗小朋友的气喘或过敏性鼻炎时，医生常会在药物中加入一些类固醇。类固醇除了会造成月亮脸、水牛背式的肥胖外，还会影响身高的正常发展。如果有这种情形发生，请与医师沟通，了解是否有其他药物可以取代类固醇，作为治疗的选择。
- 是否服用了含有类固醇的"开胃药"。有些父母因为宝宝的胃口不好，常自己去药店随便买一些开胃的药，有些宝宝吃了以后固然胃口大开，长得胖胖的，却连青春痘都冒出来了。有经验的医师一看，就知道这所谓的"开胃药"中一定加了某些荷尔蒙或类固醇成分。现在这种现象已较为少见，但家长仍要注意，不要乱买开胃药或补药给宝宝服用。

可能患有其他疾病，如甲状腺功能不足、生长激素功能不足、脑下视丘症候群等。

▶ **营养治疗**：父母有责任养成小朋友营养均衡、不偏食的饮食习惯。有些家长为帮孩子减肥，会限制小朋友食量，造成小朋友饭吃得很少，肉却很多，这样也不恰当。家长可以请教医师和营养师如何针对个人体质设计食谱和计算热量。

各种减肥食谱大致可分为低热量均衡饮食（每日依年龄分为5 016~8 360焦）及低热量高蛋白饮食（每日2 508~3 344焦）两种，最重要的是，必须由营养师开菜单。

▶ **行为治疗**：包括减少看电视的时间，增加亲子互动的机会，改变吃甜食的习惯，父母给予适当的奖励。对于较大的小孩，父母可以在观念上与他沟通，使他能了解肥胖的坏处，以期早日达成饮食治疗的目标。

▶ **增加运动量**：离开电视、电玩、计算机等静态的活动，不坐电梯、多爬楼梯、练习做家事，并利用假期多从事户外活动。较大的小朋友每周至少要运动3～5天，每次时间不得少于30分钟，每次运动都要流汗。

养成良好的饮食作息习惯，不但可以防止肥胖的发生，也可以大为改善生活及生命的质量。

身材太胖怎么办?

现代胖子愈来愈多

先天遗传因子是肥胖的重要因素，然而随着社会的进步，人类生活形态的改变，各种现代化社会所造成的生活、饮食习惯，使得胖小孩有愈来愈多的趋势。

虽然没有国内的统计资料，但是根据美国的资料，最近25年以来，肥胖的小朋友增加了50%。

小朋友减肥慢慢来

减肥的速度不能太快，原则上每周不超过0.5千克，以免影响到小朋友的正常生长及营养均衡。

特别肥胖的小朋友或许可以用更快的速度减肥（每周1千克以上），但可能得小心体内电解质不平衡、氮素流失、心律不齐等后遗症发生。

学说话的过程

语言的学习，是听力、表达能力、理解能力三者之间的综合，人类之所以有文化、文明的发展传承，完善的语言表达占有相当重要的地位。说话及语言能力的表达不良时，也是未来学习及步入社会之后的重大障碍。

出生到3个月大——哭声是他的语言

语言的形成过程是由发声音、反复学习及有意义的表达运用逐步形成的。宝宝在刚出生以后，很快就可以"咿咿呀呀"地发出一些没有特殊意义的声音，并且在一两周内学会用动作、表情及哭声的音调来表达简单的意思。哭声虽不是语言，但也是用声音表达意思的开始。

2个月左右，宝宝开始能静下来听别人对他讲话，有时候还会对着讲话的人笑；到了第3个月，宝宝开始会寻找讲话声音的来源。

第4~6个月——牙牙学语

这时候，宝宝已能够分辨出高兴或愤怒生气的语调，并且开始像鹦鹉一样，重复一些相同的声音，不过还不能自己发音表达，所发出的声音大多也是由嘴唇的唇音开始（如b、p、m之类的音）。这时父母可以反复用"重复两个字"的词语（如抱抱、爸爸、妈妈）与他沟通，启发宝宝的各种反应。

在理解力方面，宝宝虽不会讲，但是他已经可以相当程度地了解大人讲话的意思，所以父母不妨用简单的言语吸引宝宝的注意力，引导他能够学习一些有意义的事物。

除了表达意思的基本唇音之外，宝宝自己在玩的时候，也逐渐能用"咿咿呀呀"像唱歌一样的连续声音表达自己的欢悦。

第7~8个月——渐能理解声音的含义

7至8个月时，宝宝已慢慢了解"爸爸、妈妈、花花、车车……"这些声音的含义，也能在别人叫他名字时有所回应，并能理解不同字的次序变化所代表的含意，如"宝宝来""狗狗叫"。

9~10个月大时——开始说话

这时通常可以发出"具有意义"的简单声音，也就是一般所谓"说话"的开始，也逐渐可以正确地模仿声调的变化，如叫"爸爸""妈妈""狗狗"等等，出现有意义的说话。

一岁以后——愈说愈好

以后随着年龄的增加，会说的话就愈多，大约到了一岁半，宝宝就可以说两个不同的字，像是"我要""给我""进来"等等。

❓ 学说话的过程

初生宝宝的哭声

出生才没多久的宝宝，已经会用各种不同形式的「哭声」来表达简单的意思：

当他需要妈妈抱抱的时候，他会用撒娇的、没有泪水的哭声吸引起大人注意；当他肚子饿的时候，他的哭声则是急切而尖锐。

哭声虽不是语言，但也是用声音表达意思的开始。

多大开始说话?

何时出现真正有意义的说话，乃因人而异。有的宝宝甚至会迟至一岁半、两岁才开金口，只要听力、智力本身的发展没有问题，那么开始说话得早晚对宝宝日后的语言发展，通常没有太大的影响。

宝宝不说话？

如果宝宝学说话的过程和一般正常的宝宝有很大的偏差，则有以下几种情形需要考虑：

听力有障碍

关于这方面会在下个章节〈宝宝听力有问题？〉一文中多加叙述。基本上由于听力受损的轻重程度有所不同，父母往往没有仔细观察，及早发现，使宝宝错失了许多早期学习说话的机会，十分可惜。

现今已经有更进步且方便检测听力的仪器，家长应提早警觉，在有怀疑时及早确定问题所在。

智力不足或自闭症

智障者本身学习讲话的能力原本就不足，应及早加入政府各项"早期疗育"的训练计划中。现在各级公立医院及医学中心均有这一类筛检及治疗计划，不同年龄的小朋友有不同的表格，若未达到该年龄表格中所列的各项标准时，医师就会提出进一步确定及治疗的建议。

学习机会或是环境问题

门诊中，有时会看到一些一岁多的小朋友，其表情、动作的反应都很正常，也找不出任何疾病，唯独说话能力很差，很多原因都出在此。

▶ **太少跟宝宝说话：** 其实这是最常见的问题，尤其容易发生在由保姆、托婴中心或老式祖父母照顾的宝宝身上，最主要是因为这些照顾者没有耐心陪宝宝，也很少有机会对宝宝讲话。

▶ **技巧不对：** 另一种常见的情况是，照顾者不懂得对宝宝讲话应该逐字、反复、慢慢教的道理，每次跟宝宝讲话的时候，就像对大人讲话一样，说一连串的句子，宝宝或许能够意会，但就是学不及。

▶ **换个环境即可改善**：这一类小朋友的父母白天大多在工作，因此，我通常会建议他们，下班后尽量把宝宝接回家，多教教他，多陪陪他，让宝宝有多学习的机会；或者请父母为宝宝另外换一个比较有学识、爱心、愿意多引导宝宝说话的保姆。

事实上，当父母注意到这种问题并加以改进之后，宝宝的语言能力很快就能追上同龄的孩子。

舌系带是不会讲话的原因吗？

要确定宝宝的舌系带够不够长，只要舌头伸出时，舌尖处没有凹陷现象，即表示舌头的长度应该足够。大多数情况下，舌系带的长度是不会影响发音与说话的。

实际影响一个人发音的因素主要是"语言"。不同地区的语言发音方式，会影响口、舌、鼻各方面发音的协调动作，因此造成一部分音标的发音困难，例如山东人及日本人在讲英文的时候，其特有的腔调是很难完全校正的，并不是真正在发音上有什么困难。

此外，孩子小时候某些发音困难的状况，往往在长大后便有所改观。一般而言，台湾的小朋友大约在小学一年级的时候，有10%～20%的小朋友在发"彳"的音时会出现困难；三年级时，发音困难的人数骤降至5%以下，到了六年级就找不到发音困难的了。

要不要割舌系带？

NOTE

舌系带是位于舌头下方的带状或片状结构，正常时是细细、半透明的。当舌系带过紧、过短、太厚或生长得太前面时，可能会限制舌头活动，因而影响发声或吸奶。

如何判断宝宝舌系带够不够长？

正常婴儿的舌头伸出时可以碰到下唇，如果不能碰到下唇或舌系带太短，造成舌头的前端出现凹陷的现象，则考虑请小儿外科医师进一步检查。

极少数宝宝，真的需要割舌系带

太短的舌系带可能影响到婴儿的吸奶动作，以及一些发音的正确，特别是卷舌音。但是真正合乎以上标准，而需要割舌系带的机会很少，所以，建议父母一定要请专科医师评估过以后，再决定是否手术。

有一段时间，国内曾兴起过一阵割舌系带的风气，让许多宝宝平白无故遭殃，实在不可取。

舌系带会随着年龄改变

舌头的发育与舌系带的长短也会随着年龄改变，刚出生的婴儿舌头看起来比较宽、比较短，舌系带也比较短；但是到了一岁左右，舌头比较能够正常的伸出，舌尖比较成型，舌系带的长度也渐渐能符合宝宝发育的需要了。

听力有问题？

在一般人的观念里，常以为"完全听不到声音"才算是听力有问题，所以宝宝是否"完全丧失听力"总是引起父母高度重视，"部分听力障碍"的问题反而被忽略了，使得"部分听力障碍"往往在不知不觉中对宝宝的未来产生深远的影响，不可不慎。

影响听力的因素

先天性的遗传、早期在母亲身体内感染到德国麻疹等等，是造成听力完全丧失的常见原因。另外有一些宝宝，可能因为出生的过程不顺利，发生过脑部出血或缺氧，也会影响到未来的听力。

其状况通常不是完全丧失听力，而是听不到部分的音频，例如听不到"高频的声音"，但是对于"低频、低声调"则是还可听得到。这使得孩子长大以后学讲话、上课以及人际上的沟通，总是不太灵光，进而造成许多学习上和心理上的问题。当然，部分孩子也可能出现低频听不到，或是普遍性听力降低而非全聋的情形。

如何观察宝宝的听力是否正常？

▶ **正常宝宝会把头转向声音来源**：宝宝刚出生以后，如果给他声音的刺激，他会停下原来的动作，警觉地将头转向声音的来源。

有时候宝宝可能因为玩玩具或看电视看得太专注，而对周围的声音或母亲的喊叫没有什么反应，这不足为奇；然而，如果这种现象时常发生，或是他独处的时间太长，也要考虑其听力是否有问题，最好及早检查。

▶ **"语言发展迟缓"是明显表征**：大规模的早期听力诊断在二三十年前尚不可能，即使到了今日，听力的检查技术有了很大的进步，还是很难为每一个新生的宝宝做例行检测。因此，当父母警觉到宝宝听力有问题的时候，其年龄大多已到了两三岁以上，同时学习与行为上也出现明显的障碍。在此之前，父母的感觉是："孩子平时各方面的反应好像都还好，教他什么也都会，只有讲话慢了一点。"

　　一般人类婴儿语言的表现：在出生满6个月之前的牙牙学语只是一种本能的反应，还构不成有系统语言的意义。各种不同社会族群的语言，是要经过反复的学习才能表达意义与感情，就如你我突然身处一个语言完全不同的地方，自己就会因为无法反应而出现木讷、呆滞的表情。

　　正常情况下，宝宝在满6个月以后会像鹦鹉一样重复所听到的语言，然后才渐渐地将语言与意义连接起来，开始学习用语言表达；通常到了一两岁左右，就可以用简单的语词或是句子来沟通，但是听障的小朋友则否，他们也往往因而错过了重要的学习发展时期。

听障的问题有哪些？

　　听力发生问题，一般可以分为"传导型"及"神经型"两大类：

▶ **传导型**：例如外耳道先天发育不好，有耳垢阻塞等。

▶ **神经型**：可能是各种原因造成的脑内听神经伤害，例如遗传、病毒、出生缺氧、药物等等。

一般而言，神经型的听力障碍在治疗上较为不易。

大规模早期诊断尚无法执行

自1970年以后，医学上可以用新的方法"脑干听力反应（Auditory brain stem response）"来检查婴儿的听力问题，这是一种"测定脑波对声音反应产生变化"的仪器，可以单由脑波的变化知道宝宝听力的声音传导或听神经有无问题，而不需要再以传统的方式，反复地观察看宝宝对于声音刺激的表情变化，作为判断听力状况的依据。

不过，即使到了今天，这些新设备依然操作费时且费用昂贵，因此仍无法大量使用在每一个新生宝宝身上。

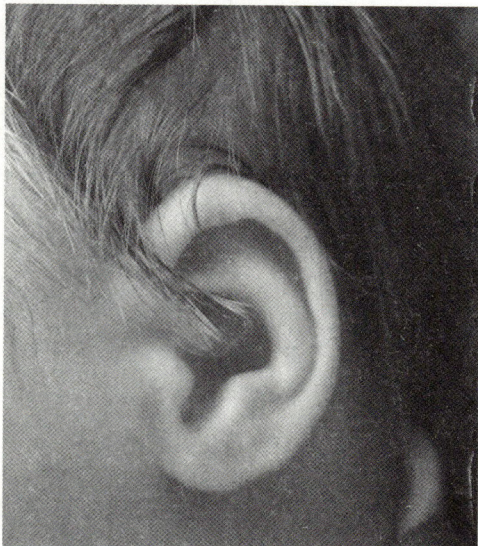

一定要尽早检查的听障高危险人群

站在小儿科的立场，我们很希望所有听障的宝宝，能在3个月以前检测出，6个月之内开始复健。因此，在新生儿听力筛检还无法列为例行的检查项目之前，父母如果发现宝宝有下列的情形之一，一定要尽早做听力检查：

务必尽早检查的听障高危险人群
▶有家族性听力障碍的小朋友。
▶出生体重小于1 500克者。
▶出生有耳部先天畸形者，例如小耳症、无外耳道等。
▶出生时经过急救者，尤其曾使用呼吸器治疗者。
▶严重的新生儿黄疸，须换血治疗者。
▶有先天性感染，例如德国麻疹、弓形浆细胞虫病、梅毒等等。
▶有脑炎、脑膜炎者。

有听力障碍的宝宝，如果能及早发现、尽早复健治疗，甚至用助听器、人工耳，各种程度的听障宝宝也能像正常宝宝一样，过正常的生活。

眼睛有问题?

　　"斜视"与"弱视"是婴幼儿常见的视力问题,若能及早(最好在三四岁左右)发现并予以治疗,则视力通常可继续发育而恢复正常;若延误至七八岁以后才发现,由于已超过视力发育的敏感期,恢复正常的机会就相对减少。

"斜视"与"弱视"的定义

　　"斜视"是指两眼的视线无法同时落在同一目标上,亦即当一只眼睛注视目标物时,另一眼的视线却偏斜到别的物体或方向去。造成斜视最普遍的原因是控制眼球运动的肌肉不协调,一般"内斜"多半与远视有关,"外斜"则与遗传有关。

　　斜视会造成"斜视性弱视"。常见的例子是,斜颈症的宝宝往往也会出现斜视性弱视。

　　在婴儿期(一岁以前),时常因为鼻梁较宽或两眼距离较远的影响,使得两眼看起来像有内斜视的现象,这种情形长大后会自动改善。如果幼儿期(1~3岁)真的有内斜视,长大后外观上可能已经逐渐正常,但是因为内斜视所引起的弱视,长大后并不会改善,所以应及早请医师诊治。

斜视与弱视的症状

- 由外观时常可见有双眼位置不正的现象(常见有斜颈等问题同时存在)。
- 眼睛容易疲劳,常揉眼睛,经常眯眼或侧着看东西。
- 对物体抓不准距离感,强光下会闭一只眼。

如何早期发现？

- 斜视：两眼的视线不一致，如斗鸡眼或斜颈引起的上下斜视。
- 两眼视力度数相差太大。
- 视线被阻断：如眼皮下垂、德国麻疹所引起的先天性白内障、先天性角膜混浊等。

如何早期发现？

- 如果孩子的两眼不平行，应该看医师。
- 若不觉得有问题，亦应在三四岁时做视力检查及乱点立体图筛检。
- 每半年应做定期视力检查。

吸奶嘴或手指好吗？

6个月至两岁的宝宝是生长过程中的"口欲期"，对于任何好奇的东西都喜欢"咬咬看"，有时常造成吸奶嘴，甚至吸手指的习惯。

追求安全感与满足感

宝宝这段期间的语言能力、表达能力尚且不足，吸吮安抚奶嘴可以为自己带来满足与安全感，当宝宝逐渐长大，对于周围的人、事、物能互动时，吸安抚奶嘴的需求就会逐渐降低。

如果父母或保姆与宝宝之间的互动不够，或者是为了减少照顾的麻烦而让宝宝独处太久，把安抚奶嘴当成减少照顾的工具时，宝宝吸安抚奶嘴的现象就可能会转变成为一种难以戒除的习惯。

用安抚奶嘴来满足"口欲"无妨

口欲期是成长过程中的一个正常现象，口欲期的不满足在未来性格的形成上，容易造成偏激、不安与耐性不足，所以医学上并不会限制口欲期的正常发育过程，反而加以辅导与配合。

在选用安抚奶嘴时并不建议用一般形状的奶瓶奶嘴当成安抚奶嘴来使用，一方面因为其材质太软，不能满足口欲期宝宝较强的吸力，另一方面如果上面有奶嘴孔，宝宝可能会吸了满肚子的气，容易胀气、肚子痛。理想的安抚奶嘴建议选用母乳形状或是扁奶嘴头。

太小的宝宝不需要安抚奶嘴，因为……

▶ **时机未到**：门诊中常看到有些两个月大的宝宝，在打预防针或做健康检查时身上就挂一个安抚奶嘴。然而，医师绝对不建议太小的宝宝，例如只有两个月大，就使用安抚奶嘴，一方面是因为年龄太小，宝宝还没有到口欲期，不需要；另一方面是会有很大的卫生问题。

▶ **卫生问题**：正常的奶嘴奶瓶消毒，一般平均每天煮6个奶瓶，每用掉一个，下一次就用另一个新的，这种做法要持续到年龄满8个月大时。但是使用安抚奶嘴的时候，时常是一整天只用一个，期间根本没有再次煮沸消毒，根本不合卫生的原则，宝宝很容易有肠胃炎或呼吸道感染。

与其吸手指，不如吸奶嘴

对于宝宝而言，吸手指比吸安抚奶嘴更方便，时常在不自觉的情形下养成吸手指的习惯，吸吮手指虽然也很能满足口欲，却有以下坏处：

· 不能消毒，保持卫生。

· 手指的皮肤长期浸湿、变脆弱后很容易咬伤发炎。

· 有些宝宝直到小学都有睡前吃手指的习惯，长久下来手指会出现变形的现象。

所以，医学并不鼓励吃手指，当宝宝在早期出现吃手指的现象时，照顾他的人就要尽量用安抚奶嘴代替。

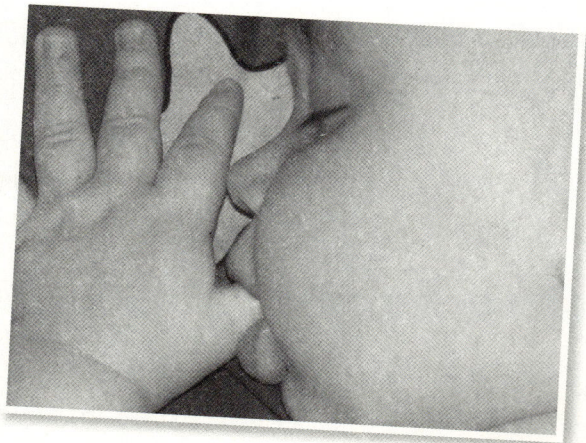

如何戒除"吸手指"的习惯？

▶ **简单的方法：**可以用戴手套、抹黄连的方式阻止他。

▶ **半强迫的方式：**如上述方法不能奏效时，可以用一条带子（如剪一条纱布绷带），一端绑在宝宝的大腿上，及一端绑在宝宝的手腕上并绕过手掌的虎口，其长度可以让手自由活动，但是就是不能把大拇指放到口中。

▶ **转移注意力：**当然，这种半强迫的方式会使宝宝生气不安，父母一定要多陪他，用讲话、各种玩具、声音转移他的注意力。

习惯性使用安抚奶嘴或吸手指的另外一个问题就是，造成牙齿变形、咬合不良及外观不雅观。所以，宝宝的口欲期是要满足，但绝不可以让它成为长久的习惯。

如何戒除安抚奶嘴？

▶ **给宝宝多一点关怀、多一些刺激：**基本上吸吮期（口欲期）表现的强弱，与宝宝受关怀的程度是相对的；也就是父母对宝宝的照顾愈多，宝宝的注意力及受到的启发愈是多方面。除了在小床上之外，妈妈多抱宝宝看看四周各种不同的东西，看看花花、树树、车车，对他讲讲话，一方面可以引领他牙牙学语，另一方面在周围事物的刺激下，也会加强宝宝对多种事物的兴趣与注意，使他很自然地脱离吸吮期。

▶ **慢慢转成大人的饮食方式：**在宝宝成长的过程中，从半岁到一岁，可把他的吸奶习惯慢慢调整成用吸管，再调整成用杯子，使他逐渐容易离开奶嘴。

▶ **给予充足的安全感：**在戒奶嘴的期间，尽量给宝宝安全感，不要让他感到不安，尤其在他最依赖安抚奶嘴的晚上入睡前，可以讲床边故事，陪他入睡。同样的，如果是宝宝是由保姆照顾，在戒奶嘴期间不要换保姆；较大的小朋友也不要换幼儿园，以免增加孩子的不安全感。

▶ **用小孩可以理解的语言对他讲理：**通常孩子在一两岁时应该就可以听懂大人的话，大人不妨用语言沟通。

▶ **给予鼓励，借用团体的力量：**大小孩可以用鼓励的方式，也可以用团体生活的力量，当他看到别的小朋友都不吸奶嘴时，自己也会不好意思。

· 每次使用安抚奶嘴都要事先消毒。

· 平常使用安抚奶嘴的时候，也要尽量保持卫生，宝宝不吸的时候要用奶嘴盖子套起来，避免弄脏。

· 如果安抚奶嘴的表面出现粗糙不平滑的时候就要换新的。

· 偶尔，门诊中会看到一些宝宝身上绑安抚奶嘴的带子都脏得变成黑色仍在使用，这是非常不好的。所以，这条带子也请父母记得清洗干净。

长牙的各种问题

正常的宝宝平均6个月大开始长牙，以每个月增加一颗的速度，大约一岁大（12个月）有6颗牙；在两岁半左右，20颗乳牙会都长全。

但是每一个宝宝长牙的时间并不都那么一致，事实上，不按照"平均时间"长牙的宝宝还真不少。常有父母会问："宝宝怎么到9个月大还不长牙？""宝宝长牙的次序怎么与别人不一样？""我的宝宝怎么长了两颗牙就不长了？"

很少人真的长不出牙来

在向医生要答案之前，其实可以观察我们所接触、所认识的所有人，你会发现，没有长牙的还真少见。

所以，在医学上，长牙齿应该不是很大的问题，除了很少数的"先天性外胚层发育不良"的患者（这是一种包括头发、指甲也同时发育不良的疾病，不难分辨）之外，大部分的孩子长牙时或许次序有别、快慢有差，但是到最后都会长满牙的。

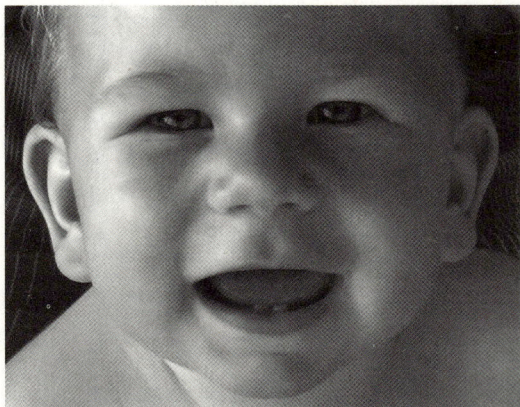

长牙的次序先后、时间快慢，因人而异

每个宝宝长牙的快慢、次序可以有所不同，但一般而言，是下面两颗门牙最先开始长，以后是上面两颗门牙，再来是上面外边的门牙，然后是下面外边的门牙，再来是犬齿……但是，也有孩子是先长犬齿，有人说这种人比较凶，但是事实上，这种说法并不成立。

也有人开始长牙的时间较晚，到了一岁左右才开始长牙，但是可能一次就长四颗或六颗；更有些宝宝长了两颗门牙之后就停止很长一段时间不再长了，这些情形在门诊中都可见得到，也都在可以接受的正常范围之内，父母不用担心。

正常儿童乳牙生出时期

月龄 部位 \ 牙名	中门牙	侧门牙	犬齿	第一臼齿	第二臼齿
上	8～10	8～10	16～20	12～16	20～30
下	6～8	10～24	16～20	12～16	20～30

❓ 长牙的各种问题

长牙齿要吃钙片吗?

坊间时常会有人建议，如果牙齿长得慢，可以吃钙片。此种说法在医学上并不成立，牙齿长得慢的宝宝，往往骨骼发育得很好，没有任何钙质缺乏的症状。事实上，补充钙对促进牙齿的生长不仅毫无益处，反而还会加重肾脏的负担。

长牙齿会发烧、拉肚子吗?

的确，有些宝宝长牙时发烧的机会比平常多，但这不是绝对的；长牙本身并不会造成任何发烧现象。

长牙时易发烧，主要是因为宝宝在长牙的阶段牙龈会痒，比较喜欢咬东西，如果咬到不清洁的东西，就可能会造成喉咙或肠胃道的感染，造成发烧或拉肚子。

所以，如果换成"牙齿生长期间宝宝较容易发烧或拉肚子"的说法，或许会比较妥当。

口水流不停

在长牙齿、吸奶嘴期间，宝宝流口水是正常的必经过程。一般宝宝在出生两三个月咿咿呀呀开始发出声音的时候，同时就会有流口水的现象出现；到了6个月大左右开始长牙，牙龈的肿胀不适，则会使流口水的现象更明显。平均要一岁半到两岁左右，流口水的现象才会逐渐改善。

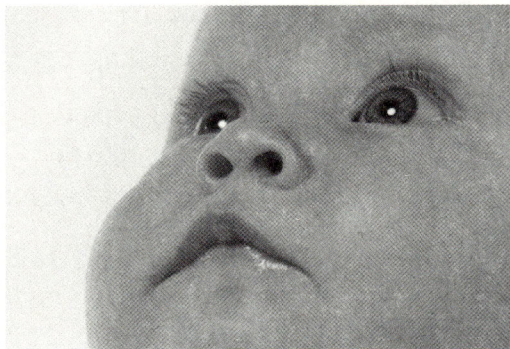

当然流口水的程度每个宝宝是不一样的，有的较为明显，下巴总是湿湿的，有些则还好。喜欢吸奶嘴或吸手指的宝宝口水流得特别明显。

流口水与"口腔肌控制能力"有关

口水流不停最主要的原因是，口腔肌肉的控制能力不好，不能把正常由唾液腺分泌出的口水吞咽下去。在出生6个月以前，宝宝只懂得吸奶的阶段，口腔肌肉的协调还没有发育好，时常会流出一些口水是常见的现象。

到了6个月左右开始加副食品的时候，宝宝口腔肌肉的协调也开始由最简单"吸"的动作进步到较复杂的"吞咽"动作。

当年龄再大会讲话的时候，语言发音表达能力的增加再加上吃固体食物时咀嚼的动作，都会使口腔各种协调动作的控制更好，流口水也就自然停止了。

流口水异常，需要看医生

- **超过流口水的平均年龄还在流口水时**：一般是两三岁以上。
- **口水的量特别多的时候**：正常宝宝会流口水但是流得不多，如果你的宝宝总是流不停而且量特别多，即有就医的必要。

造成流口水异常的可能原因

- **脑神经的发育是否有问题，造成口腔肌肉的协调不良**：例如，有轻度的感觉统合失调问题。父母也要注意到以后长大过程中，各种学习与动作的协调是否也会出现问题，要早期发觉，早期辅导及校正。
- **如果平常口水不多，现在忽然口水变多**：最常见的要考虑到宝宝是否有感冒鼻塞，鼻塞时要张着嘴巴呼吸，口水就特别容易流出来。也要检查看看宝宝口腔内是否有溃疡使他很痛不能吞咽及闭嘴，口水不能正常的吞咽下去，就从前面一直流出来，例如在感染到肠病毒所造成的手足口病或咽峡炎的时候。
- **湿疹问题**：口水流的多，会造成下巴的皮肤一直湿湿的，出现湿疹是常有的事，在照顾方面要特别注意。

❓ 关于"收涎"的习俗

民间在宝宝4个月大的时候，有"收涎"的风俗，但是"收涎"是民俗的一种，对于减少流口水并没有实际效果。

该不该坐学步车？

学步车虽然有"支撑部分身体重量"及"练习走路"的功能，但是因为现代家长时常把学步车作为"减少照顾宝宝的帮手"来使用，往往疏忽了对宝宝的照顾，尤其当宝宝主要为保姆所照顾的时候最常见，因而造成许多意外伤害，学步车的角色的确值得探讨。

不用学步车，是世界趋势

现今的世界趋势，医学界已渐渐倾向不用学步车。其原因是：

▶ **学走路是一个自然发展的过程**：宝宝长到一定年龄（10个月左右），肌肉、骨骼力量的发育及神经的协调感够了的时候，他自然能站起来，再逐渐学走路。如果宝宝的腿能站3秒，他自然能自己扶着东西站3秒；当下星期身体进步到能站5秒的能力时，他自己就会站5秒。

▶ **可能发生的危险**：然而，是否有必要在宝宝能站5秒的时候，要他用学步车站到10秒呢？医学上认为是不必要的，因为此时他的肌肉骨骼还没有发育到那个程度，太早勉强他在学步车站太久，或用"蹬"的方式学走路，这种"拔苗助长"的方式对发育实在没有任何好处，反而会因为宝宝的控制力不够，或学步车的设计不良，或居家环境布置不够安全，而出现"翻倒"或"夹到"等意外。

让宝宝坐学步车的配合条件

如果父母还是决定让宝宝试着坐学步车，基本上一定要有以下条件配合：

· 年龄至少8个月以上且发育正常。

· 居家环境布置必须够安全，使宝宝不能接近危险物品。

· 刚开始坐学步车短时间就好，然后再逐步延长。

腿型不漂亮？

宝宝出生之前，在妈妈肚子里的时候，是两腿两脚交叉地盘坐于子宫内（可以自己参考怀孕时的各种图片），两腿及两脚受到子宫及羊膜的环绕压迫而弯曲向内，刚出生之后两腿也因此呈O型，两脚呈内翻的姿势。

多数孩子长大后会逐渐改善

以后随着年龄的慢慢增长，到了七八个月大以上，宝宝愈来愈会站、会走的时候，两只腿随着重力线的方向会愈来愈直，两只有点内翻的小脚，也随着学习走路时脚掌所受的压力，而愈来愈能够平放。一般在2~4岁会有相当程度的改善，到10岁左右，95%的孩子完全正常。

影响腿部外形异常的因素

先天性原因
▷早产儿因为肌肉及韧带比较松软无力。
▷有先天性的扁平足宝宝。
▷某些少见的肌肉骨骼疾病（先天性软骨成型不全症、麻烦症候群）。

后天照顾不良
▷例如用传统"背小孩"的方式带宝宝，可能因为两腿一直撑开太久，成了习惯性的O型腿。
▷从小习惯于跪坐或盘坐的姿势，会影响腿型。
▷太早坐学步车，在腿部肌肉骨骼还没有发育好的时候，就勉强学站、学走，会影响腿型。
▷有些过胖的小朋友也会造成腿型不好，所以不可以太胖。

需要手术治疗的情况

▷ **严重内翻：**如果父母能轻易地用手轻扳，就能使宝宝的脚掌回到正常位置时，通常是不需要手术的，待其长大会走路后，自然就会改正。若宝宝脚内翻的情形比较严重，则需请小儿骨科的医师会诊，以决定是否需要早期予以手术治疗。

▷ **严重外翻：**有一种更严重的情形，是在宝宝出生后两只腿上部都有明显的外翻现象，若再以尺测量发现两只腿的长度也不相同时，医师会考虑到是不是宝宝的腿有一种称为"先天性髋关节脱臼"的疾病——正常人的大腿骨顶端（股骨头）是固定的套在骨盆（肠骨）骨上的凹槽内，周围有韧带固定得很好，但是如果韧带或凹槽发生问题，引起股骨头脱出了正常位置时，未来小朋友就可能很难行走。

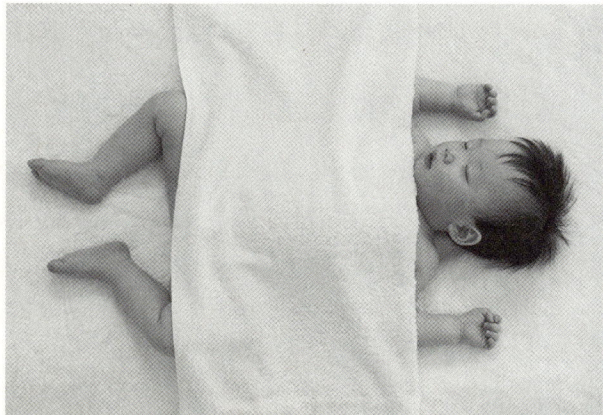

所以医师若检查出属于这一方面问题的时候，会为这种宝宝手术治疗并打石膏固定。

从小腿型不良，日后容易跌倒、倦怠

腿型不好，除了外观的问题外，也可能造成孩子长大后容易跌倒，或者容易感到疲劳、酸痛，所以平时养成良好的姿势是很重要的。只要父母警觉宝宝腿部可能不正常，就应当找医师确定，毕竟多一分谨慎，必然少一分风险。

生长痛

多发生于年龄4~10岁生长发育阶段，下肢的大腿或小腿肌肉会痛得不敢动，关节部位很少，时常发生在晚上或正在睡觉时，会痛得哭叫起来，但在白天却似一点事都没有发生过，照样跑、跳、蹦，而且疼痛的部位也无任何异常红、肿、热的状况。由于这段时期正是小朋友的成长阶段，所以就把它叫做"生长痛"。

骨骼长太快？

医学上原来以为是肌肉、骨骼的生长发育太快，在白天运动时肌肉受到牵扯所致。现在有人怀疑在12~18岁时同样生长很快，为何会发生此现象？推论可能是年龄较大，与肌肉的训练及成熟度有关。

若有"红、肿、热"便需就医

"生长痛"疼痛部位多不会有红、肿、热的现象。如果确定为"生长痛"，在医学上仅需暂时给予一般止痛药即可；或者以局部按摩、热敷等方法处理，使小孩的心理得到关怀及安全感。通常一两天内即可自动复原。

若疼痛合并有其他不适，例如发烧、局部红肿、其他部分疼痛，则须找医师处理。

何时训练大小便？

宝宝多大时可以开始训练大小便，是每一个父母关心的课题。基本上，宝宝能不能自己控制大小便，主要取决于神经系统发育的成熟程度，以及宝宝是否具备适当的表达能力。

一般而言，大便的训练可以在宝宝一到两岁之间，肛门括约肌的发育差不多成熟的时候开始。小便的训练，则大约是在两岁到两岁半，膀胱的控制功能成熟之后开始。

神经发育和表达能力成熟之后，再训练小便

有经验的父母都知道，可以用"发出'嘘嘘'声"的方式来训练宝宝小便，即使用在很小的宝宝身上也能见效。然而，这是属于"条件反射式"的训练，宝宝听到嘘嘘声才会小便；如果没有嘘嘘声，他就又不能自己控制。

在神经发育及表达能力成熟后，孩子自己就能维持住较久的时间不小便，要小便时也可以用表情、动作、语言来表达。

训练小便的方法

平均大约当他能够维持4～5个小时以上不尿湿尿布，就可以开始训练他小便。一开始的时候可能1～2个小时就要提醒他一次，他自己慢慢懂得表达后，再把提醒他的时间拉长，或者可以等他自己来表达。

夜尿的控制也可以从这个时候开始，良好的沟通，提醒他夜里想尿尿时要起来，是非常重要的。当然，父母要留意晚饭后不要给孩子喝太多水或饮料，睡前要他先去小便，半夜再叫醒他一次，这些都可以帮忙他控制得更好。

半夜尿床的原因及对策

▶ **心理因素居多：**虽然尿床的现象可以存在在各种年龄层，例如有15%年龄5岁大的小朋友还会尿床，有1%年龄15岁的人也会尿

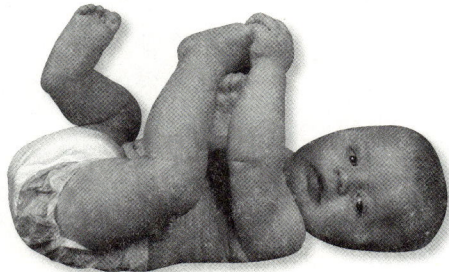

床，其中只有少部分是神经系统或膀胱的控制真正有问题，需要医学药物治疗；大部分还是要归类到尿床者本身的心理建设及自我控制没有做好。

这种情形尤其常见于某些已经有一段时间能够自己不尿床，中间又断断续续再出现尿床的小朋友身上，这种再发性的夜尿常发生在冬天晚上，或小朋友玩得太累的时候；有些比较懒散的小朋友也常出现这种现象。

▶ **处理原则：**

1.反复与孩子沟通，除了睡前不喝水外，也可以把他的小床换个位置，夜里让他开着灯睡，不要让他睡得太深、太沉或太懒。

2.尽可能在睡觉时不要包尿布，不要给他那种"尿了也没有关系"的安全感。

3.如果还是尿床了，就要他自己第2天去收床单，把那臭臭的床单拿去放在洗衣机里，以加深他的印象。

4.一般而言，大约一两周之内，尿床的现象就会自动改善了；如果仍然无效，再考虑找医生用药物治疗。

训练大便

大便的训练是比较简单的，因为大便的容量少，平均一天才一次，排出的速度也没有那么快，小朋友有缓冲处理的时间，家长可以观察小朋友大致在什么时间有大便的意思，然后在每天相近的时间带他去坐马桶，并与他沟通，要他用力"嗯嗯"，陪他坐一段时间再起来，很快就能养成良好的大便习惯。

婴幼儿的智能发展

据心理学家的研究，人类自诞生以后，其智能逐渐增进，到了25岁以后停止发育。智力发展的速度先快后慢，自出生至10岁间发展最快；10岁以后，智能发展的速度渐趋缓慢。

在此将一般正常智能发展里程碑列述如表，以供父母参考。需要事先提醒你的是，有些宝宝在发展上会出现一两个月的差距，尤其语言及人际社会关系的发展，会因为教导的关系相差更大。

婴幼儿的智能发育

月龄	粗动作	精细动作	语言	人际社会关系
1个月	▶俯仰时头稍可抬起	▶会反射性抓住放入手中之物	▶听到声音会转头	▶注意别人的脸
2个月	▶俯仰时头抬起45°	▶眼睛随物可转动90°以上	▶发出各种无意义的声音	▶逗他会笑
3个月	▶俯仰时头抬起90°	▶双手可移在胸前接触	▶发出牙牙学语声 ▶笑出声音	▶会自动对人笑
4个月	▶协助坐时头可以固定 ▶侧躺	▶可将手抓住的物品送入嘴巴	▶模仿大人的声调	
5个月	▶拉小孩坐起时，他会稍用力配合，头不会后仰	▶两手各可抓紧小物品	▶会因高兴而尖叫	
6个月	▶完全会翻身 ▶坐着用双手可支持30秒	▶手会去玩弄玩具上的线 ▶会敲打玩具	▶开始出现元音	▶自己会拿饼干吃
7个月	▶肚子触地式爬行 ▶抱起会在大人腿上乱跳	▶坐时手会各拿一块积木 ▶将积木从一手移到另一手	▶正确转向声源	▶会设法取较远处的玩具
8个月	▶坐得很好 ▶双膝爬行	▶手像耙子一样抓东西	▶注意听熟悉声音	▶会玩躲猫猫
9个月	▶扶东西可维持站的姿势 ▶可前进后退爬行	▶以拇指合并钳物 ▶以食物触碰或推东西	▶会随大人的手或眼神注视某样东西	▶看到陌生人会哭
10个月	▶扶持东西边缘会移步 ▶站着时会想办法坐下	▶拍手 ▶双手各拿一块积木相互敲打	▶模仿大人说话声 ▶对叫自己的名字有反应	▶会抓住汤匙 ▶可拉下头上的帽子

月龄	粗动作	精细动作		社会性	身边处理
11个月	▷独立站10秒 ▷拉着一只手可以走	▷会把小东西放入杯子或容器中	▷会挥手表示拜拜 ▷知道别人的名字		▷以手指出要去的地方或东西
12个月	▷单独走几步 ▷蹲着可以站起来	▷以拇指和食指尖拿东西	▷有意义地叫爸、妈 ▷以摇头、点头表示要或不要		▷不流口水 ▷会和其他小孩一起玩

月龄	粗动作	精细动作	语言表达	语言理解	社会性	身边处理
12—14个月	▷可维持跪姿 ▷会侧行数步 ▷走得很稳且会转身	▷一只手同时捡起两个东西 ▷可重叠2块积木	▷模仿未听过的音 ▷会用一些单字	▷知道大部分物品名称 ▷熟悉且位置固定的东西不见了会找	▷坚持要自己吃东西 ▷模仿成人的简单动作，如打人、抱哄洋娃娃	▷会脱袜子 ▷尝试自己穿鞋（不一定能穿好）
14—16个月	▷由趴着而手扶地站起 ▷随音乐而作简单跳舞动作 ▷扶栏杆可上下三层楼梯	▷一只手同时捡起两个东西 ▷可重叠2块积木	▷会说十个单字 ▷会说一些两个字的名词	▷在要求下会指出熟悉的东西 ▷会遵从简单的指示	▷睡觉时要抱心爱的玩具或衣物 ▷出去散步时，能注意路上各种东西	▷自己拿杯子喝水，自己用汤匙进食（但可能会泻出）
16—19个月	▷自己坐上婴儿椅 ▷扶着可单脚站立 ▷一脚站立，另一脚踢大球	▷可重叠3块积木 ▷模仿画直线 ▷可认出圆形，并放入模型板上	▷会哼哼唱唱 ▷至少会用十个单字	▷了解一般动作，如"亲亲""抱抱"	▷被欺侮时设法抵抗或还手 ▷有能力主动拒绝别人的命令	▷会表示尿片湿了或大便了 ▷午睡不尿床

月龄	粗动作	精细动作	语言表达	语言理解	社会性	身边处理
19 — 21 个月	▶能弯腰捡东西不跌倒 ▶手心朝上抛球 ▶由蹲姿不扶物站起	▶模仿摺纸动作 ▶会上玩具发条 ▶模仿画直线或圆形线条	▶会说谢谢 ▶会用语言要求别人作什么	▶回答一般问话如"那个是什么" ▶了解动词+名词的句子，如"丢球"	▶对其他孩子会表示同情或安慰	▶会区分东西可不可以吃 ▶会打开糖果包装纸
21 — 24 个月	▶自己单独上下椅子 ▶原地双脚离地跳跃 ▶脚着地方式带动小三轮车	▶球丢给他他会去捕捉 ▶可一页页翻厚书 ▶可重叠6~7块积木	▶会重复字句的最后一两个字 ▶会讲50个字词	▶知道玩伴的名字 ▶认得出电视上常见之物	▶帮忙作一些简单家事 ▶会咒骂玩伴、玩具	▶脱下扣扣子的外套 ▶会用语言或姿势表示要尿尿或大便
24 — 27 个月	▶用整个脚掌跑步并可避开障碍物 ▶可倒退10尺 ▶不扶物，单点站1秒以上	▶模仿画横线 ▶可依据用三块积木排直线 ▶可一页一页翻薄书	▶懂得简单数（多、少），所有权（谁的）地点（里面、上面）的观念 ▶稍微有点"过去"的观念	▶可了解"上、下、里面旁边"、位置观念 ▶知道在什么场合通常都作什么事	▶会去帮助别人 ▶会和其他孩子合作，做一件事或造一个东西	▶在帮忙下，会用肥皂洗手，并擦干
27 — 31 个月	▶一脚一阶上下楼梯 ▶单脚平衡站立 ▶会骑小三轮车 ▶会肩投球	▶模仿画圆形 ▶用小剪刀	▶说到自己时，可以清楚地说"我"	▶知道说自己和别人的全名	▶对环境气氛的变化会有反应	▶可以捉住大件的东西 ▶练习自己拉下裤子大小便

3岁看大，5岁看老？

宝宝从小长大，除了身体的健康要小心照顾外，良好的生活习惯也会是他未来一切的基础，古语说的"3岁看大、5岁看老"，就是提醒我们，从小开始就要注意到一个人人格及个性的培养。

性格是从小养成的

一个人的性格可以影响到他一生读书做事的成败，而性格的形成是从出生以后就开始受到环境的影响，当然也有人会追溯到更早一点，如谈到怀孕期间胎教会影响到宝宝出生后的性格。现在我们简单一点，只就从婴儿出生以后开始谈：

宝宝出生以后在保温箱里的时候，如果妈妈把脸对着宝宝笑，宝宝也会出现笑容；但是如果摆出一副很凶的脸色吓他，宝宝看得懂，也会哭，所以可以知道，连刚出生不久的宝宝，情绪上也是有感觉的。

门诊中见微知著

在门诊时，有时候会遇到一些特别娇宠的宝宝，在医师的压舌板或听诊器还没有碰到身体的时候，就开始撒娇式的扭动、挣扎，如果父母（尤其是有老人家在场时）此时再抢着搂他、亲他，他的哭声也就愈大。

的确，很小的宝宝就懂得利用父母娇宠的心理，仗着受宠时表现自己的个性，父母愈不加以拘束，他则更变本加厉；相对的，如果父母能摆点脸色，他不仅看得懂，也能自我约束。其实，这时候医师内心非常了解，这种过度的宠爱时常会养成宝宝日后太无拘无束、非常自我、别人管不住的个性，对他的未来绝对是不好的。

多数人的性格，从小便已定型

有些父母以为等孩子长大一点，或者上学以后再教他也不迟，但到了那个时候，再教时往往为时已晚，因为性格已经养成了，要改并不容易。

大家或许都有这种经验：小学时功课就不错、有秩序、守规矩的小朋友，20年后能顺利读大学的，还是这群人。当大家长大成人再开同学会的时候，也发现每个同学都改不了他当初在学校的那个样子。也就是说，只要从小"定型"，一生是很难改的。当然，有的人也会在成长的过程中突然开窍，性格变得很好，但那绝对只是少数。

从生活中培养良好的个性

生活习惯的建立是逐渐的、潜移默化的，例如，如果家中时常保持整齐干净，宝宝自然会熟悉并喜欢那种环境，长大也比较爱干净。我们很难一一说明日常应注意的生活小节，在此只列举一些最基本的供父母参考，希望有助于你培养宝宝良好的个性与生活习惯。

- 从小就要慢慢教宝宝，玩具玩完后要收好。
- 三四岁开始上小班乱涂鸦的时候，要给他一个桌子，让他可以有固定的地方，不要随便地任由他趴在茶几或地板上涂鸦。当他画完了以后，要教他并陪着他把用具收好。但是，现在仍有许多家庭，直到小朋友上了小学都没有给过他一张固定的桌子，以为小孩还小不需要，这是非常不正确的观念。

用餐的时候给孩子一张小椅子，坐在餐桌旁与家人一起用餐，不要端着饭碗，坐在电视机前面喂他吃。平常，全家人每天至少一次尽量同桌一起用餐。

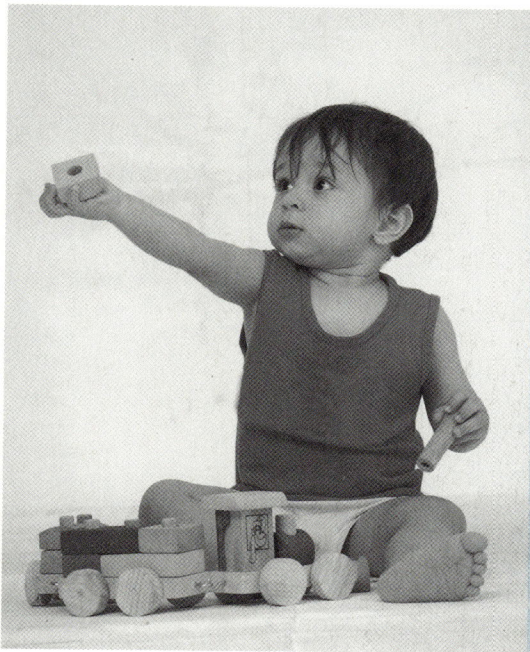

人格养成，累积在生活的点滴之间

现代社会的家庭时常因为父母工作的忙碌，难得家人有共同用餐的机会，但是在可能的情形下仍然建议要尽量安排时间，家人共享一天中的晚餐，一方面在用餐的时候共聚一桌，经过一天忙碌之后，是家人能够放轻松、彼此沟通得很好时间。

另一方面在餐桌上的气氛也特别会给人一种亲近和睦感觉，容易增进一家人的情感，更能帮小朋友建立良好的用餐习惯，是训练他生活教育良好的机会。

记得以前看过一部名字叫《真善美》的电影，有一位修女带着一群孤儿，印象深刻的是那一群小朋友好可爱，年龄才三四岁大的小朋友在吃饭的时候就很乖，很有规矩、有礼貌。目前，西方国家的一般家庭中还是非常注意用餐的气氛与礼节的，他们认为这是生活教育中很重要的一环，愈是良好的家庭，用餐时的规矩就愈讲究。用餐时有规矩的家庭，所教养出的小朋友，其生活习惯、守规矩性、整洁性都不会差。

由一般日常生活小节中日积月累的养成宝宝良好的生活习惯之后，到了上小学时，他自然在教室里能坐得住、能专心、能守规矩、也能把书包、课本放整齐，很容易是个好学生，也会为他一生奠定良好的基础，将来有成就的机会自然高得多。

如果等坏习惯已经养成以后再慢慢改正，一方面非常不容易，另一方面所花的时间会更多，所以何不在起步的时候就给他一个很好的生活模式，养成好的习惯，可以事半功倍。

现代父母们非常注意从小就给小朋友各种学才艺的机会，却忽略了随手可做的生活教育，父母们忙碌之余，何不定下心来，重新思考我们要从哪一个方向塑造我们的孩子？

第7章

宝宝生病了?

发烧·抽筋
咳嗽·腹痛

如何观察宝宝的身体状况

宝宝是不会讲话的，大人必须观察他身体各种细微的变化，以判断他是否有什么不对劲的地方。

没发烧，不代表没生病

医院小儿科的资深医师在训练新进医生的时候，常会强调一件事——当父母带宝宝前来看病，说自己的宝宝"看起来不太对（not doing well）"时，医师一定要仔细检查。因为父母整天与宝宝在一起，最了解他平常的各种情形；即使当时没有发烧，外表看起来还好，也不能掉以轻心。

所以，做父母的平常就要了解自己宝宝的特性与习惯，例如，每天大小便几次？胃口如何？睡眠情况如何？平日是一向很活泼好动，还是一向就很安静、很乖？即使宝宝是托给长辈或保姆白天照顾，父母自己也要多和宝宝的照顾者沟通，随时了解他的变化。

留意宝宝的身体语言

宝宝的身体就是最好的"语言"，父母如果要了解孩子，千万不能只注意明显的标准症状，例如咳嗽、发烧、泻肚子……也要留意其他隐约开始向你闪着红灯的早期暗示。这些小小的暗示，可能只是宝宝情绪性的变化，但是也可能是某些疾病的早期表现。

例如母亲说："宝宝总是无精打采，变得比较安静""没有笑容、很不安、睡不好""一开灯就怕光，抱着也哭个不停"……这些看似不太重要的问题，家长随时可能忽略，在医生诊断的时候，却常是早期脑部疾病的征兆，例如脑炎、脑部受伤等等。

知子女莫若父母

其实，平日就了解自己宝宝的特性及他的身体语言，往往也最能解决父母对孩子的困扰。有哪些症状需要和医生沟通呢？以下的几个重点可以供家长参考：

- 没有原因，突然比平常特别吵或是特别安静。
- 胃口变差、精神也变差。
- 总是有点发烧。
- 不明原因地哭个不停。
- 吐奶的次数增加了。
- 一直在睡觉。
- 脸色变差。

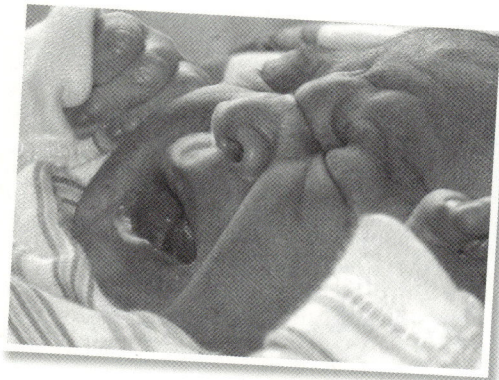

　　早期检查，可以排除及早期治疗一些疾病，也是父母最大的爱心。在谈及疾病之前我们先了解怎么样把宝宝照顾好，也就是一个正常宝宝该如何照顾，照顾得好，宝宝自然健康可爱。

看病时的注意事项

　　在小宝宝不舒服去看医生时，有哪些事项需要注意呢？仅提出一些重点供大家参考：

▶ **把想问的问题，交代清楚**：如果不是由父母亲自带宝宝看病，父母一定要将小宝宝不舒服的地方或是想问的问题交代清楚，必要时可写在纸上给医生看。

▶ **说明宝宝的"看病、用药史"**：宝宝过去是否曾看过别的医生，若有，那么曾经用过什么药？生过什么病？怎么样诊断、治疗的？平常有没有给宝宝吃一些"营养品"，都要告诉医生。

▶ **平日有吃"营养品"也要告知医生**：有时候这可能与生病有关，例如有些老人家常会给宝宝吃些八宝粉来护身体，但是八宝粉的成分中间含有大量的铅、汞，许多宝宝在食用一段时间后，会因为铅或汞中毒使造血系统及脑细胞被破坏，发生脸色苍白甚至抽筋的现象，这类问题在媒体报导上仍时常见到。家长若不诚实及早告知，医生在诊断上必然耽误不少时间。

▶ **告知有无药物过敏或特殊体质：**
如果宝宝以前有对任何药物过敏，或有某些特殊体质，例如蚕豆症，请在看病时告诉医生。

▶ **告知家族病史和生产经过：** 因为有些病是遗传的，有些则与怀孕、难产有关。

▶ **不要夸大病情：** 宝宝一点点的不舒服对于父母、祖父母来说，都是不得了的事。时常在看门诊时看到家长一些夸大的形容，例如只有轻度的发烧，父母会强调是高烧；只哭了一下，父母会说哭了一整天。有时候父母两人或是与其他家人的描述明显不同，有些人的心理会觉得描述得重一点，药会用好一点，事实上这都是不对的。

▶ **最好帮宝宝固定医生：** 如果医生对他以往的情形原本就很了解，以后有任何疾病，医生也能很快进入情况。

▶ **当下问清楚：** 有不了解的问题尽量当场问清楚并记下来，不要回去再自作主张。

▶ **与医师配合用药：** 如此才能顺利治疗宝宝的疾病。不要认为症状有一点改善就私自减药或停药，有时候症状减轻是因为药效的关系，病并没有完全好，太早停药，病情可能又会复发。

　　许多人往往以为多吃药会有害身体，而太早停止治疗。事实上，现代的医学已经很发达了，连很小的早产儿都能在早期用药治疗下生长得很好，"吃药会伤身"的老观念是不对的。

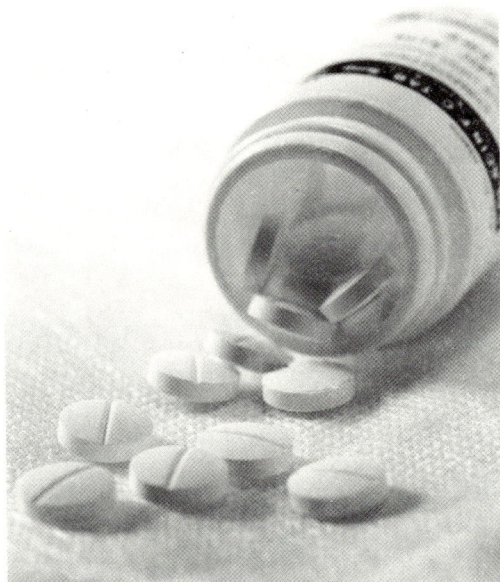

看病时的注意事项

如果你喜欢带宝宝逛医院，也要跟医师"说清楚，讲明白"

有些父母会用"四处探询意见"的方式，到处找医生求诊，也不肯直说有没有看过别的医生，做过哪些处置，往往造成医生在诊断及治疗上难以作正确的判断；这种情形尤其常见于交叉看中、西医的家长。

然而，为了宝宝好，父母其实还是要把宝宝先前的"看病经历"说清楚，否则你只是花时间得到许多不见得有帮助的信息，甚至还可能伤害宝宝的健康。

如何喂宝宝吃药？

如何喂宝宝吃药是大多数父母的难题，下列几项原则可供参考：

- 如果宝宝不太挣扎，就可利用各种喂药的奶嘴、小汤匙、滴管喂药。
- 喂药时，喂药工具勿伸入口腔中太深处，以免引起呕吐或呛到。
- 调药时要用温水，太烫的水会破坏有些药品的成分。
- 宝宝服药后如果半小时内有大量呕吐，建议要补服一次。
- 不要硬灌药，以免宝宝日后会恐惧吃药。
- 有些药是不能与茶或果汁一同服用的，所以服药时宜加以避免。
- 若看了两个医师，则一定要医师看过才能确定能否同时服药。

多数的药都可加入牛奶里喂

能否将药加入牛奶里喂，可以视幼儿的接受度。如果小朋友的药（如粉剂或糖浆）味道不重，加入牛奶以后小宝宝吃奶时没有抗拒的现象，则大多数的药是可以加入牛奶服用的。

▶ **好　处**：其好处是不必给小宝宝强灌药，不会造成小宝宝吃药时药物呛到气管中，形成窒息或吸入性肺炎等最常见的严重问题。

▶ **做　法**：其做法是将药加入小奶瓶中，在30～50毫升奶量中加入药物，吃完这一部分加药的牛奶再喝别的；千万不要加入大瓶（如180～240毫升）的奶中，因为如果大瓶的奶未全部喝完，当次的药量就会没有吃完，造成用药的剂量不对，影响疾病的治疗效果。

若宝宝因此而拒喝牛奶，则不可行

如果加药以后的牛奶，宝宝有拒吃的排斥现象，则不建议勉强将药加入牛奶服用，因为以后可能因此产生喝奶的心理障碍。

？有些药不能与牛奶混食

有些药物，例如早期的四环素、金霉素这一大类药品会与牛奶相互作用，影响药效，这类药不可以加入牛奶内一起服用，所幸现在医生已经很少用了。

此外，一些特殊药物，例如早产儿需要补充的铁剂，也是不能与牛奶混合服用的。

关于把药放入牛奶中喂食的问题　NOTE

有些医生建议药品不可以与牛奶混合服用，但是此种说法似乎太过严谨，因为不论是否与牛奶一起用，小宝宝的胃里面都会有前一餐所喝剩余的牛奶，一样会影响药效。

更何况大家平日最常用的感冒药、肠胃药、退烧药等药品，绝大部分是不会与牛奶相互作用的，而且这些药的种类又多，替代性又高，一位好的小儿科医师绝对可以在开这些最常用的药时，选择出味道好、有效，且不会与牛奶相互作用的药。

正确看待发烧

发烧是宝宝生病最常见、也最令父母担心的症状，因此整理出各种父母亲常问医师与发烧有关的问题，供大家参考。

何为发烧？

比起一般成年人36～37.5℃的正常体温，儿童的体温则略微高些。36.2～38℃都算是儿童的正常体温。而发烧指的是体温不正常的升高，通常在肛温38℃（等于100.4℉）或口温37.8℃以上；腋温比肛温低0.3～0.6℃，口温比肛温低0.2～0.3℃。现在用耳温枪的机会较多，耳温枪所量的温度与肛温相近，可以互为比照。

先了解宝宝的正常体温

每个人的体温在一天之中都是随时间而波动的，要知道婴幼儿是否发烧就必须先测得他的正常体温，有一个比较的基础。现在用耳温枪来测体温，非常快又方便，而且不会令小宝宝不舒服。

家长不妨平日在早起时、中午、睡前各为宝宝记录一次体温，连续记三五日，有了这个标准之后，就很容易知道宝宝的体温是否正常。

温度高低不表示病情轻重

宝宝发烧时，家长的情绪可以说是随着体温的上下而起伏。事实上，温度的高低并不能表示得病的轻重；最重要的是，要找出真正造成发烧的原因，才能下正确的诊断，给予宝宝最适当的照顾。

发烧本身不会伤害脑子

许多人总以为发烧会烧坏脑子；事实上，人的脑子没有我们所想象的那般脆弱。想想看，当我们在洗三温暖、蒸汽浴或是洗温泉时，温度不是都远超过摄氏四五十度以上，比我们人体最高发烧的温度还高吗？但是脑子也不会坏，对不对？

所以人脑对于热的耐性是很强的，发烧只是会让人感觉很不舒服，一般而言，至少要42℃以上脑部的功能才会受到干扰，但等退烧了以后，一切又会恢复正常。

伤害脑子是疾病本身

不过，如果所得的疾病是脑子本身的问题，例如脑炎、脑膜炎等，则不需要烧得多高，脑子已经坏了。所以医师在处理发烧时的重点是，分辨发烧的原因是什么？对症治疗，而不是急着退烧。

活动身体引起的急性发热，无害

除了生病之外，吃热的食物、大热天刚从外面进来，或运动过后，也会造成小朋友体温升高，若其体温上升至38～38.5℃，则应先让他休息半小时后再测量，不宜遽然诊断为发烧。在激烈运动后，有些小朋友的体温甚至可高达40℃，但这种急性发热，对人体并无伤害。

不一定要急着退烧

"发烧"其实是一种警讯，意在通知你身体有地方生病了；况且发烧本身还有帮助杀菌及提升抵抗力的作用，所以体温不太高的发烧，是不必急着退烧的。

一般人急着退烧，主要是因为发烧会令人非常不舒服，例如头晕、肌肉酸痛、恶心想吐等等，尤其小宝宝会更不安，所以父母主观上就显得惊慌。其实只要根据病症提供适当的照顾，宝宝通常很快就会恢复健康。

正确看待发烧

发烧指数
- 肛温和耳温：38℃以上
- 口温：37.8℃以上
- 腋温：37.7℃以上

手脚冰冷是发烧的前奏

宝宝生病时往往会手脚发冷，有时候甚至会出现冷战现象，父母常觉得宝宝冷而尽量帮他多穿衣服，殊不知这是发高烧的前期现象——反射性的血管收缩，所以手脚才会冰冷。若不处理，大约过了半小时到一小时，就会出现39℃或40℃以上的高烧。

建议处理方式如下：
- 用冲或泡温水澡，可以将不平衡的体温立刻调整平衡，同时有降温作用。
- 最简单的方法就是吃退烧药，口服退烧药后大约也是半小时到一小时后才有效，此时刚好把迅速升高的体温降下来。
- 不要一味地加衣服，如此反而会使体温散不掉，更加重发烧的情况，形成恶性循环。

耳温枪怎么用？

耳温枪是利用红外线扫描耳膜的温度记录而得，基本上，其所测量的是人体内的核心温度，与肛温的意义相同。使用时应注意以下几个重点：

· 耳温枪头上的保护胶膜要保持清洁，否则会影响测量值。

· 有些耳温枪在使用前要先调整温度的测量模式，选择以"肛温（rectal）"或"口温（oral）"为准。由于其测定值各有不同，如果忘了修正选定模式，可能会造成些许误差。

· 耳温枪测温前，外耳道内的异物或耳垢应尽量清除；微量耳垢，尚无大碍。

· 使用耳温枪时，需将它插入外耳道入口，探头要对准耳朵内的鼓膜。

· 人类的外耳道并不是呈直线状，而是呈"〈"形。因此，在使用耳温枪时，须将耳郭往"后上方"拉，如此耳道较能呈直线形，耳温枪也较容易对准向鼓膜测量。

· 新生儿之外耳道不像成人般椭圆，而呈一裂隙形，故对新生儿（一个月内的婴儿）使用耳温枪时，宜将其耳郭往"后下方"拉，如此较易测得正确的温度；2岁时，小儿外耳道已相当宽阔，其时使用耳温枪测量温度，也会更得心应手。

· 幼儿在罹患急性中耳炎期间，应避免用耳温枪。

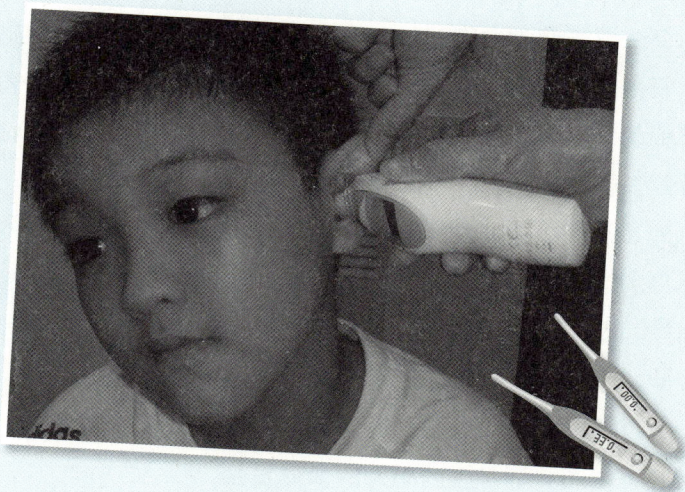

新生儿发烧

新生儿是指出生一个月内的婴儿。

新生儿尤其是早产儿，是很少发烧的，这是因为新生儿有来自母亲的抗体，较不容易被感染，但是当这种抵抗力没有能力阻挡时，时常也表示有较严重的感染入侵。所以，新生儿凡有发烧时，一般都将之视为重病，不可不慎。

细菌性感染——易并发"脑膜炎"和"败血症"

造成新生儿发烧的原因以"细菌性感染"最常见（如B型链球菌）。平均1千个新生婴儿中有1~10人会因细菌性感染而发烧。如果没有适当的治疗，那么其中约有1/3的病人，会有脑膜炎等的并发症。新生儿发烧也很容易引起败血症。新生儿若感染到脑膜炎，则死亡率会高达15%~20%，若感染败血症，则死亡率更高达30%。

院内感染——抗药性细菌，不易治疗

新生儿发烧要立即送医的另外一个原因则与"院内感染"有关。

初生婴儿很少与外界接触，所以得感冒的机会不大；若有感染，时常来自医院里面的细菌，也就是所谓"院内感染"的细菌，这一类细菌常有"抗药性"，治疗起来较为困难。

即使有些小婴儿回家后一个星期才出现发烧症状，也要考虑是否在医院里已被感染到了，因此必须及早与原出生的医院沟通，以方便治疗。因为有可能在同一时期，在那间医院的婴儿室里已经有一些小宝宝得了相同的病，治疗起来已经有经验，也比较有规则可循。

千万不要以为出生的那一家医院多有名，就一定安全，因为全世界任何医院的婴儿室或产房都有院内感染的情形发生。

新生儿发烧，务必立即送医

总而言之，新生儿发烧时，一定要带给医生检查，以期早期诊断、早期治疗。

小婴儿如果烧得不高，吃奶、脸色及活动力都还正常的时候，就不急着立刻去医院急诊；但是如果有精神变差、呕吐、呼吸急促、不太动……合并现象的时候，则应及早就医，以防病情突然变化。

宝宝发烧的三大原因
——感冒、中耳炎、泌尿道感染

发烧的原因很多，各种感染都会发烧，感冒虽然最常见，但是其他部位的感染一样会引起发烧现象，例如脑炎、中耳炎、肺炎等等。

要注意的是，如果发烧时没有感冒症状存在，不咳嗽，也没有流鼻涕、鼻塞，喉咙也不痛，就要再注意是否还有其他症状或不舒服存在。例如，同时出现呕吐、颈部僵直时，就要考虑是否为脑炎、脑膜炎所引起；如果发现小便的量太少、颜色不对，则可能与小便发炎有关。

在所有的幼儿疾病中，最常造成小朋友发烧的疾病除了感冒之外，就是中耳炎与泌尿道感染。

中耳炎

有时候，在感冒时还同时合并有其他部位感染，所以不能只注意到感冒而忽视了其他并发症。这种情况，以中耳炎最为常见。所以当医生在帮宝宝检查时，"使用耳镜检查耳朵"是标准动作之一，其意义就是怕同时有中耳炎存在，只是外表的症状还不明显。

最常造成中耳炎的原因是，感冒的细菌病毒由耳咽管向上感染到中耳，医学上称之为"上行性感染"。严重的中耳炎有些可以看到脓流到耳朵之外，然而大部分由外表是看不到什么不正常的。

泌尿道感染

此外，"泌尿道感染"也是最常引起宝宝发烧的三大疾病之一。

尿道、膀胱以及肾脏的任何一部分发炎，都称作"泌尿道感染"。平均每1千位小朋友中，有1.4～2位有泌尿道感染；年龄愈小，小男生在比例上就越多；大约一岁以后，则女生比较多。

所以，当小朋友出现不明显原因发烧的症状时，验尿检查也是很重要的。较大孩子在泌尿道感染时可能出现频尿、小便痛，甚至有小便失禁、腰痛的现象。小婴儿则可能只有厌食、吐奶、腹泻、黄疸等现象，看不出泌尿道方面的症状，所以非常容易误诊。

少部分的泌尿道感染是因为泌尿器官先天发育畸形，如肾脏的形状不对、输尿管进入膀胱的角度不对等等，此时便需要手术治疗。

?中耳炎

治疗"中耳炎"与"泌尿道感染"要有耐心

一般性的尿道发炎基本上要连续服药两个星期才能完全恢复，比较复杂的还要反复验尿确定。

中耳炎的治疗也是要至少两个星期，这两种疾病千万不要太早停药，因为有的时候表面上不发烧只表示症状好了一部分，剩余在体内的细菌还没有完全根除，太早停药容易复发，出现并发症或转为慢性。

发烧引起抽筋——发烧性痉挛

这是出现在3岁以前宝宝的特殊现象。宝宝在3岁以前，因为脑细胞的髓鞘（细胞外缘那一层类似电线外皮的绝缘层）还没有发育好；当宝宝发烧时，脑细胞所发出的信息会有乱传的现象，进而形成抽筋（痉挛），一般在医学上称之为"发烧性痉挛"。

"发烧性痉挛"不影响智力发育

这种短暂的抽筋现象不会影响小宝宝未来的智力或身体发育。如果家长还是担心，医生会让小宝宝在发作后的7～10天做一次脑电波，向父母证明宝宝的脑子没问题。

此时，医生主要在排除宝宝长"脑瘤"或罹患"癫痫症"的微小可能，因为这些少见的疾病，也会因发烧发生抽筋的现象。不过一般而言，父母不需要为简单感冒引起的发烧而担心。

3 岁以上很少发生，6岁以上几乎不发生

宝宝长到3岁以上，这种因为发烧而引起的抽筋就很少发生了；到了6岁以上脑细胞的发育已经完成，就完全不会出现发烧引起抽筋的现象。

抽筋发生时的临场处理

· 当抽筋正在发作时，必须立即把患者的身体翻转成侧卧的姿势，以免口腔的分泌物阻塞到呼吸道或呛到气管内。

· 此时，嘴巴与牙齿通常会咬得很紧，所以也不要尝试用任何方法将紧闭的牙关撬开。

· 在抽筋发作的这一段期间，不必急着送医，而是在旁边静待小孩抽搐停止，直到意识完全恢复为止。

事后是否要送医院？

如果这是宝宝一生中第一次的抽筋发作，则在发作结束后，应送到医院检查，由医师判断是否为单纯的发烧所引起。

若以前曾发作过，知道这个宝宝有发烧容易抽筋的体质，那么此次的发作需不需要送医，就要看发作当时的情况而定：

· 如果抽筋终了，小孩的意识很快完全恢复过来，自然不必再送医。

· 如果抽筋不止，时间超过5分钟，且无缓和迹象；或是抽筋虽然停止，但意识一直没有恢复正常，这时就必须送医处理了，以排除脑炎、脑膜炎等更严重疾病的可能性。

非发烧引起的抽筋

有些情形可能要考虑到不是单纯的发烧所引起的抽筋，而是有其他的潜在原因。

脑部本身的潜在疾病

有些人脑部本身有问题，例如患有癫痫、先天性的水脑、脑子发育不良、脑部受过伤、得过脑膜炎等等，则发烧时可能会使得脑子既有的不正常现象特别明显。例如癫痫患者，只要有一点点发烧就会引起抽筋发作。

在这类情形之下，温度不高的发烧竟也引起抽筋，即表示抽筋是因潜在疾病而起，必须发掘及治疗他的潜在疾病。

"非发烧引起的抽筋"与"发高烧引起的抽筋"有何不同？

· 发烧不高（如不到38℃）也会抽筋。

· 抽筋的现象只发生在身体的一侧或部分，例如只有左手或左脚，这表示脑子局部有问题，如癫痫、脑瘤。

· 年龄超过6岁时，发烧引起抽筋。

· 反复性的一发烧就抽筋。

如何进一步检查

如果宝宝的临床症状已经确定是发烧引起的抽筋，则任何检查都可以不用做。反之，如果出现一些与典型的"发烧性抽筋"不同的症状，无法确定是否有其他的潜在疾病时，就需要做一系列的检查了。这些对诊断有所帮助的检查包括：

· 脑电波。

· 脑部超声波或计算机断层扫描。

· 脑脊髓液检查。

· 血糖、血钙与血中电解质。

发烧时，手脚抖动是抽筋吗？

发烧时如果只有手脚发抖，但是身体上大关节没有不自主的动作，也没有眼球固定不动、颈部僵直的现象，意识也还清楚，则应该只是发烧引起的冷战现象，不是抽筋。

抽筋的现象基本上同时会出现以下现象：

- 眼球固定不动。
- 颈部僵直。
- 大关节或是身体的一部分出现不由自主的抽动或痉挛。
- 意识短暂丧失。

退烧药的使用

退烧药的种类很多，一般至少要38.5℃度以上才建议使用，目前最常用的有：阿司匹林（Aspirin，包括温克痛、阿司匹林等）及乙酰氨酸（Acetaminophen，包括普拿疼，Tylanol，Tempra，Scanal等）两大类。

这两大类药在一般的使用上是相当的安全，但是都不可多吃，一定要按照医师指示服用，尤其是第二项的普拿疼这一类的药物（市面上最常用的俗名为Scanal），近来报纸上有许多用此药一次吃二三十颗自杀的相关报道，不可不慎。

阿司匹林的副作用

▶ **雷氏症候群：**阿司匹林可能引起"雷氏症候群（Reye Syndrome）"，也就是引起肝及脑子细胞的坏死，好发于幼儿，死亡率甚高；尤其是得水痘及流行性感冒的患者，使用阿司匹林时容易引起此症，所以现在各国用阿司匹林作为退烧药的情形已大为减少。

▶ **过敏、胃痛：**此外，阿司匹林也常引起过敏及胃痛。

▶ **可能造成感冒并发脑炎患者死亡**：日本厚生省（类似于我国的卫生部）的调查中，于2000年1月至3月追踪91个流行性感冒并发脑炎者，其中有12名使用含有阿司匹林成分的退烧药病患中，有7名死亡。

▶ **降低免疫力**：在医学实验中则发现吃退烧药的兔子，体内所残余病毒的量是没有吃的100～1 000倍，也就是退烧药可以明显降低身体的免疫力，甚至留下更大的问题。

这些问题的细节目前并不清楚，但是对于"发烧反应可以增强身体内免疫系统的功能"这一点，医界已确定无疑。

乙酰氨酸的副作用

乙酰氨酸（Acetaminophen）吃多了也可能引起肝功能的问题，一般安全剂量是每千克体重每日不可超过150毫克。

退烧药的替代方案

一般用退烧药，尤其阿司匹林对免疫系统到底会造成何种影响，还不是非常清楚。基本上，医学界已偏向使用较温和而没有副作用的方式，如冰敷、温水拭浴等方法来退烧。

用"口服药"还是"肛门塞剂"退烧？　NOTE

我国的家长时常会优先选择给宝宝用肛门塞剂（栓剂）退烧，然而国外却很少使用。

肛门塞剂的应用

根据日本厚生省的调查指出，肛门塞剂在医学上主要应用在"不方便口服及意识不清"的患者，如严重呕吐、昏迷。

肛门塞剂的缺点

使用塞剂的缺点是容易造成肛门疼痛，大便时亦然，甚至还会引起腹泻及反射性肚子痛。这是因为塞剂在肛门内溶化的时候，药的浓度很高，容易刺激该处的肠黏膜，进而造成红肿、溃疡等。

口服药与塞剂效果相同

医学上，很多退烧药都有"口服剂"与"塞剂"两种剂型，如果一样的剂量（如都是用阿司匹林150毫克），那么无论口服或塞剂，其效果都是完全相同的；若有家长感觉不同，则纯属个人的心理问题。

剂量过大，易引发副作用

当然，有的时候用剂量大的塞剂，会感觉效果快一点，但是却必须担心用药过量的问题。

药物以外的退烧方法

全身温水拭浴

▶ **散热原理**：将宝宝身上衣物解开，用温水（37℃左右）毛巾全身上下搓揉，如此可使宝宝皮肤的血管扩张，将体气散出；另外，水汽由体表蒸发时，也会吸收体热。

▶ **做 法**：

1. 在拭浴的时候身体的前后、头脚、四肢都可以拭浴，拭浴完第一遍，潮湿的皮肤表面因为水分蒸发而变凉时，身体会有发冷的感觉，这时候可以用大浴巾帮宝宝盖住身体，体温就不会散失太快。

2. 有的人说在拭浴时不能拭浴到心脏，那是完全不对的。温水拭浴时，全身都可以擦。

3. 大约过5分钟，当体内的血液又循环到体表，体表的温度又再度升高时，再做第二遍拭浴。

4. 如此反复地做3～4遍拭浴以后，大部分人的体温会迅速下降。

洗温水澡

理论与前项相同。

多 喝水

以帮助发汗。此外，水有调节温度的功能，可使体温下降及补充体内的失水。

冰 枕

现在市面上的软冰枕甚为方便，冷度也不会太冷，较大幼儿及儿童可用，但是仍不建议用于一岁以下的婴儿，因为幼儿不易转动身体而易局部过冷或致体温过冷，以免引起抽搐。

药物以外的退烧方法

注意！千万不可用酒精或冷水拭浴

千万勿用冷水或一般的酒精来拭浴。若家长坚持一定要用酒精拭浴，则需用温水将酒精稀释3倍，以免在短时间内降温太快，对宝宝不好。

还有，酒精浓烈的气味会使幼儿昏睡，像喝醉了一样。原则上，两岁以下的宝宝不适用，这是怕烫热的皮肤突然碰到冷水，宝宝的反应会很剧烈，可能会抽搐。同理，亦不宜让幼儿使用冰枕。

半夜发烧怎么办？

最常造成发烧的是感冒；如果家中小宝宝突然出现发烧的症状，家长要如何分辨是什么原因引起？尤其在夜里，需不需要立刻送医呢？

如果同时有咳嗽、流鼻涕、痰等症状，通常是一般感冒，第二天看门诊即可。

一般而言，除了发烧以外，要看同时有没有别的症状出现；如果同时有咳嗽、流鼻涕、痰等这一类的标准症状，当然最可能发烧的原因就是一般的感冒，即使有40℃的高烧，父母还是不用担心，这一点在先前已仔细分析过；只要不是脑炎、脑膜炎等疾病，单纯感冒引起的发烧是不会伤到脑子的。

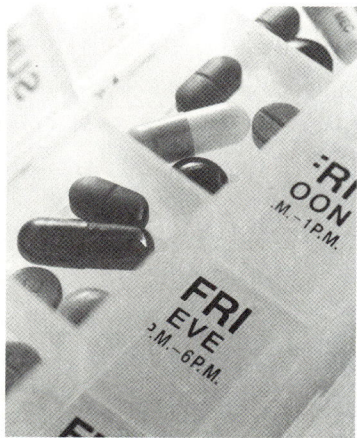

可以先试着退烧

如果家中有退烧药，那么不论口服剂或肛门塞剂都可以先给宝宝使用，如果家中没有任何药物，就可以用冰枕或温水拭浴先帮宝宝退烧，第二天上午再去看医生就可以了。

以上这些简单的退烧方法，每一个家长都应该会，而且退烧药也是基本的家庭常备药，应该平时都要有所准备。

宝宝抽筋时的因应

就像先前所说的，有些3岁以下的孩子，突然的高烧会引起抽筋。

NOTE 欧美国家的父母怎样处理宝宝发烧？

在我国大家依赖医生习惯了，因为便宜又方便，所以反而疏忽了自己处理的基本能力。出过国（尤其在美国）的人大概都知道，一般人碰到生病发烧时，大多是要先打电话找医生，要预约（make appointment）才能看病；没有人只因为发烧就找医师随到随看。

一般人也都懂得自己先吃一下简单的退烧药Tylanol。即使打电话给医生，在电话中医生（或工作人员）也是要家长先给他吃Tylanol，Tylanol的成分也就是我们所用的Scanal。

安排等看病的时间，可能是半天、一天之后才轮得到。但是，这些西方国家的家长们却不会像我国的家长一样，为了发烧担心不已；他们也不会有那种宝宝一发烧就立刻要找医生看病的习惯，但是他们的小朋友也没有因此而身体变得比较差的，反而比我们更好。

可见只要家长常识够，相同的情形，只要处理方法正确，一样没有问题。这也突显出平时充实基本常识的重要性。

万一有抽筋的现象也请不要惊慌，建议你用以下的方法应对：

如果你的宝宝曾经出现过这样的情况，那么在他开始有"发烧"的迹象之时，建议尽早用各种方法先帮他退烧。

如果已经出现抽筋的现象：

· 先用筷子或汤匙外缠纱布放入牙齿间。

· 把口鼻内的口水、鼻涕、呕吐物清理干净，保持宝宝呼吸道的通畅。

等到抽筋过后，若有必要再送医院，送医的路上不必太着急，在医学上并不会因为只相差短短的时间就会造成更严重的后果。

如果发烧时没有合并任何咳嗽、鼻涕等感冒症状。

如果半夜忽然发烧，小朋友并没有任何像是感冒的症状，则有可能：

属于感冒初期，所以其他症状还不明显。

也可能是感冒以外的其他疾病引起发烧，如中耳炎、泌尿道感染、脑炎等等。

根据合并的标准症状处理

这些疾病有时会出现标准症状，例如中耳炎会耳朵痛，脑炎会嗜睡、不安，肠胃炎会有呕吐、腹泻……不论是家长或医生都很容易找到明确的处理方向，不致太慌乱。

但是也有可能这些所谓的"标准症状"还不明显，以至于在外表上还看不出来。在没有任何可以辨识的特别症状的情形下，在面对单纯的"只有发烧"现象时，建议父母的处理原则如下：

▶ **除了发烧之外，吃、喝、玩一切正常，可再观察**：若小宝宝除了发烧之外，其他方面都还正常，包括吃奶的量正常，睡得还平稳，玩得也正常，没有特别的吵闹不安或是变得特别安静，大致上这个宝宝（或小朋友）是没有什么立即性的严重疾病的，此时可以从容地观察这些宝宝，先帮他简单地退烧。

若最后父母仍然打算带孩子去看医生，则建议看一般的门诊就够了，不必半夜急着去看急诊。

▶ **发烧温度不高，但精神很差，要送急诊**：相对的，如果小朋友发烧的温度不高，但是精神体力看起来很差，此时的病情可能就要比前面单纯发高烧的小朋友要来得严重，家长要多一点警惕甚至早一点送去急诊。

现在，你应该可以了解，生病的病情是否严重，要看一个人的整体情形，而不是单以体温的高低作为唯一的评量标准。

咳 嗽

咳嗽是所有生病中最常见的一个症状，也是最难治的一个症状。

一般人最常见的疾病是感冒，而感冒中最常见的症状是咳嗽，但是在医学上除了最常见的感冒之外还有其他很多原因会造成咳嗽，有哪些情况会造成小宝宝咳嗽呢？做父母的在小宝宝咳嗽时要如何处理呢？

偶尔几声咳嗽

▶ **症 状**：最可能是有轻微的感冒，或者是有点过敏而引起的咳嗽，其特点是大部分的时间都不咳嗽，虽然有几声咳嗽，但是脸色、胃口、活动力都还正常。

▶ **处 理**：只需观察，不需特别担心，如果咳嗽变重或是有别的症状，如有发烧出现，就再看医生。

突发性的急剧咳嗽

▶ **症 状**：宝宝的小脸都会胀得红红的，最常见的原因是呛到牛奶。除了父母喂奶时不小心呛到之外，宝宝在休息时自己突然溢奶，也时常会呛到自己。

▶ **处 理**：如果发现宝宝有溢奶现象，就要立刻把宝宝抱起，使其面朝下，先将口腔内的余奶或呕吐物清理干净，以保持呼吸道的通畅，再拍其背部，将可能呛入气管及肺部的奶尽量拍出。如果呛入的奶不多，自行处理后宝宝不再咳嗽，呼吸也恢复了正常，则不须担心，也不必送医。

▶ **必要时须送医院**：如果自行处理后宝宝仍然持续咳嗽不停，甚至脸色出现发紫，则需要送到医院再做进一步的检查，以防宝宝呛入气管中的牛奶造成"吸入性肺炎"。

半夜突然出现的"狗吠声咳嗽"

▶ 症　状：本书中〈很像气喘的"急性毛细支气管炎"〉（详见216页）已经提过，最常发生在冬天的夜晚，宝宝突然出现好像"狗卡到骨头"似的"狗吠声咳嗽"，这是一种医学上称之为"哮喘（Croup）"的疾病。

其原因可能是因为病毒或细菌的感染，再加上冷空气对咽喉的刺激所引起。如果冬天的夜里宝宝突然出现这种咳嗽，则要考虑到这种疾病，严重的时候宝宝可能会出现脸色发紫的"窒息"情形。

▶ 处　理：这时候要立即到医院去急诊，因为这是一种婴儿的急症，若有疏忽可能会引起脑部缺氧，造成脑性麻痹，甚至死亡，不可疏忽。

同时出现发烧的咳嗽

▶ 状　况1：如果发烧与咳嗽一同出现，时间不太久，而且症状不太重，最常见的还是一般的感冒，可以利用时间去看医生就可以了。

▶ 状　况2：如果发烧、咳嗽超过三五天以上，咳嗽及发烧不但未减轻，反而有加重的情形，则需要考虑是否有肺炎等并发症的情形发生，时常需要做进一步的检查。

▶ 状　况3：如果一直有轻度的发烧，咳嗽也一直持续超过一两个星期，症状没有减轻，也没有变重，则要考虑到医学上的"非典型肺炎的霉酱菌（Mycoplasma pneumonia）感染"，要提醒医生加以注意。

这时候也要考虑到"结核病"感染等较慢性、症状较不标准、变化又大的疾病，尤其是发烧的时间以晚上为主，再加上咳嗽痰中有血的。

早、晚或半夜"固定时间"较明显的咳嗽

如果只有那一段时间才咳嗽，其他的时间症状都还好，则要考虑到最常见的"过敏"情况，这种情形在本书"过敏与气喘"一章中将有详细讨论，尤其有气管中出现"咻、咻"的喘息时，诊断更可以确定。但是，即使是没有标准的咻咻音，仍要注意，不可以把这种形态的咳嗽当成感冒来治疗。

肚子痛

宝宝突发的腹痛是很常见、且颇令父母困扰的问题，因为宝宝不会讲话，也表达不清楚，在医学上是属于最不容易诊断的一群，医师的处理也有一定的困难。

引起大人注意的伎俩

两岁以下的宝宝，有时候不见得是真正的腹痛，可能只是因为撒娇、发脾气，故意喊痛以引起大人的注意。

有的宝宝到了医生面前更是撒娇地大哭，腹部跟着用力，以致很难检查，医生为了避免误诊，只能多做一些验血、照X光片等检查，以防万一误诊，受罪的反而是宝宝。所以，平常父母如何与宝宝保持良好的沟通，是非常重要的。

宝宝肚子痛的观察重点

▶ **腹痛的强度**：一般而言，严重疾病的腹痛大多是明显而剧烈的，有可能一开始不重，但是会逐渐加强，并同时出现以下症状：

· 脸色发白或发青，哭声急切。

· 精神变差、不想动、不想站、也不想玩。

· 即使勉强站起来或走路，也会把腿弯起来走，或弯下腰，似乎要护住腹部，以减轻痛苦。

· 即使在睡觉时，双腿也不愿伸直，身体蜷曲成虾米状。

如果有以上这些现象，宝宝应该是有相当明显的问题存在，应及早送医，不可延误。

▶ **有重病感**：宝宝的情形与平时有明显的不同，例如：

· 明显的胃口变差，食欲不好，不喜欢吃东西。

· 哄逗时不笑，凡事不关心。

· 平日喜欢的玩具，也引不起他的兴趣。

· 脸色不佳，连呼吸也变得短促，好像要减少腹部用力似的。

▶ **是否有其他症状**：是否同时有发烧、呕吐、腹泻等症状，有没有便秘或血便，有没有出现皮肤出血紫斑的现象，这些都是医生诊断一些疾病的重要参考。

▶ **腹痛的变化过程**：如果以上的不适，随着时间而加重，就可能是在逐渐恶化，父母千万不要视而不见，如阑尾炎、肠套叠等都是典型的例子，不要在这一段时间服用简单的止痛药，如此很可能导致误诊。

引起腹痛常见的 "外科" 疾病

急性阑尾炎

▶ **好发年龄**：两岁以下的小朋友很少见，反而最常发生在十几岁的青少年身上。

▶ **标准症状——从 "上腹部" 痛到 "右下腹"**：标准的症状是从上腹部开始疼痛，同时会伴随 "想吐" 的感觉，然后疼痛的区域再逐渐转移到盲肠所在的右下腹部。这时候右下腹部有压痛及腹部肌肉僵直的现象，用手按下这个区域再迅速放手，会出现反弹性疼痛的现象。此时患者也可能同时出现发烧及轻度腹泻。

▶ **白细胞指数和X光片，仅供参考**：虽然大多数的情形会促使白细胞升高，但却不是绝对的，因此，白细胞指数及X光片大多也只能当做诊断的参考。

▶ **误诊率高达二成**：要特别提醒的是，这些标准的症状只有七至八成的患者会出现，还有20%的患者其症状非常不标准，全世界各大医院平均也有20%的误诊率。

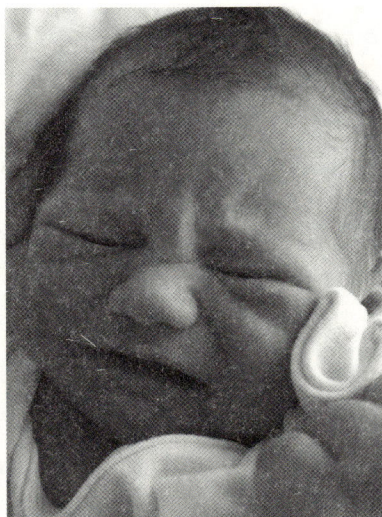

▶ **腹部超音波是较有效的检查工具：**婴幼儿就属于最不易诊断的一群。虽然这是很古老的疾病，但是在诊断方面却一直没有太大的突破。诊断主要依据病患临床症状表现和身体检查，目前大家认为诊断效果较好的工具是腹部超声波。

▶ **转为腹膜炎的概率高：**由于不会表达症状，三五岁的孩子容易被误诊，最后导致腹膜炎的概率很大，危险性很高。所以，如果宝宝反复不寻常的哭闹不安，再加上上述的标准症状，就要怀疑是否为急性阑尾炎引起的腹痛。

急性腹膜炎

阑尾炎等延误处理，会很快转成腹膜炎，但是有时细菌自血液或淋巴直接侵入也会造成腹膜炎，此时患者会出现腹部变硬、高烧、呕吐等症状。

疝气

急性的疝气卡住，造成卡住下部脱出来的肠子发生缺血、坏死。这时候也会造成上面的肠道不通、肠子坏死与肠阻塞，进而引发严重腹痛。

肠套叠

▶ **好发年龄：**一岁左右的宝宝，尤其是以男孩及较胖者为多，可能因为肠子的一部分互相套在一起，造成所谓的"肠套叠"。用手摸肚子有时候可以摸到一截像香肠一样的肠子（肠子套住的一截）。

▶ **原因不明：**肠套叠的原因可能因为肠子内本身长了一些息肉，或是发炎，亦或是食物的不消化所引起，但是一般是很难预防或预测的。

▶ **其他症状：**互相套在一起的肠子会发生肠阻塞，也会因为压迫而缺血、坏死，这时候宝宝会出现"类似草莓酱一样红色黏稠、数量不多"的大便，有时也会造成宝宝呕吐。

▶ **严重的情形：**腹痛开始时腹痛是间歇性的，不痛的时候，好像很正常。发病较久者，腹痛变为持续性并有腹胀现象，可能表示部分肠子已经坏死，或已转为腹膜炎。

▶ **灌肠或手术治疗**：这时候应该尽早送医治疗，若能在肠子还没有坏死之前早期治疗，可以直接试着用"灌肠"的方法把套在一起的肠子用压力逐渐推开。如果就医太晚，套在一起的肠子已经因为缺血而坏死时，就只能以手术治疗。

吃到异物

4个月以后的宝宝就已经很喜欢把小东西往嘴巴里面塞，6个月到两岁之间的幼童更常发生这类危险，各国政府对玩具也都做了一些规范：不可以有尖锐的利角，也不可以有容易脱落的小零件。

虽然如此，医院里还是经常可以看到有些忽然腹痛的小朋友，找不到任何原因，最后经Ｘ光才确定是吃下去了一块小东西，例如把玩具的小零件吞到肚子里去了。所以，做父母的一定要给宝宝一个安全的环境，从玩具的选择到四周环境的小节都要随时注意，也不要以为肚子痛就是一般的肠胃炎，要及早警觉就医。

引起腹痛常见的"内科"疾病

小宝宝肚子胀气痛

这是最常见的，本书前面已经讨论过此点，可能因为奶嘴孔的大小不合适，吃进去的气太多；也可能因为奶嘴的消毒不良或乱咬东西，造成肠胃不适；也可能因为父母为宝宝拍气的方式不对，肚子里的气没有拍出来，这些情形都可能造成宝宝胀气肚子痛。

牛奶过敏

此点前面已经讨论过，反复不明原因的肚子痛、腹泻，甚至大便带血，便要考虑到牛奶过敏，这时候验血也可以发现免疫球蛋白E（IgE）及嗜伊红性白细胞增加的现象。

简单的处理方法是把一般婴儿奶粉换成减敏奶粉，两三天内症状就会明显改善。

便 秘

请见便秘的专章。

肠胃炎

如果腹痛同时有腹泻、呕吐，甚至有发烧等症状，最常见的还是肠胃炎，也可能是细菌或病毒感染，常见的如大肠杆菌、沙门菌、柯沙奇病毒、轮状病毒……，如果是标准的症状，父母及医生都不太会疏忽。

寄生虫

目前已经少见，在卫生不良地区还是要考虑到，常见的有蛲虫、钩虫、绦虫等。

其他疾病

有不少的其他疾病也会合并有腹痛的现象，如泌尿道感染、肺炎、腮腺炎，都可以同时引起腹痛的现象。

便 秘

本书在第一章〈认识新生儿〉已经提过：新生儿第一次排便的时间大约是在出生24小时以内，以后直到第三四天才转为一般普通的金黄色或黄褐色的粪便。

婴儿出生前几天排便的次数与吃奶的次数相近，接近一周大时，降为每天3～5次；吃母奶的婴儿排便次数更多，时常到一天6～7次。

便秘的定义

排便次数减少而且变得困难，一般称为"便秘"，也有不少学者习惯上将一周大便的次数少于3次称为便秘。但是"次数"只是参考小宝宝是否有便秘现象的其中一项条件，主要还是以大便的"性质"为标准。

最好的大便，软硬度是以类似牙膏（Paste-Like）最好，如果水分太多（腹泻）或太少、太硬（便秘）都不好。有的大便太硬的宝宝，排便不顺，可能用力了三四次才将大便排完，这种情形还是称为便秘。

造成便秘的原因

- **不同的食物种类会影响到大便的性质**：甜食（或糖分）或是长纤维的食物可以使排便变软，次数增加，所以有些人用简单的葡萄糖水给小宝宝喝，处理便秘的问题。高蛋白的食物则容易造成便秘。
- **胃肠蠕动的快慢也是重要原因之一**：正常婴儿吃入食物后平均形成大便的时间大约是19小时。
- 运动可以使大肠蠕动增加。
- 情绪不好会降低大肠的蠕动。
- **药 物**：此外有许多药物会影响到大肠的蠕动，如最常见的某些含有"可待因（Codeine）"的感冒药就非常容易造成便秘。
- **习 惯**：较大的小朋友可能被教导考虑卫生的问题，不愿意在外面上厕所，也会形成习惯性的便秘。

改善的建议

- **多用高纤、高糖的食物**：例如，建议家长可以为宝宝做一些蔬菜泥，尤其是可以选用有长纤维的蔬菜叶子部分。黑枣（Prune）泥或黑枣汁也是很有效的。其他常用的水果如李子、西红柿等也颇有助益。
- 充足的水分，可以使大便的软度增加。
- 简单的葡萄糖水可以使大便比较软。
- 小婴儿不建议用泻剂。

查明可能的潜在疾病：如果宝宝有持续性便秘现象，必须请医师检查是否有潜在原因，例如先天性巨肠症、甲状腺功能过低症等疾病。

大便上沾血——肛裂与肠子长息肉

有时候家长会很紧张地找医生问："为什么我宝宝的大便上面有血？是不是痔疮？"

"痔疮"不会发生在婴幼儿身上

事实上在婴幼儿期最常见的大便上面有血的原因是"肛裂（Anal Fissure）"，只有极少部分是宝宝的肠子里面长有"息肉（Polyps）"，而不是痔疮。痔疮是大人得的病，站立了相当长的时间后才会得痔疮，宝宝是不会得痔疮的。

什么是"肛裂"？

肛裂是指肛门被胀破了，四周出现裂口而出血，最常见的原因是便秘，因大便太硬、太粗所造成；也可能因为大便的量太多、排出太快，肛门括约肌的放松不良所造成。

轻微的肛裂只是大便的表面会沾有一些血丝，严重的也会出现一些血块，甚至在排便后还有滴血的情形。

肛裂的类型与治疗

类 型	特 征	治 疗
急性肛裂	是指最近发生的，有大便时疼痛、沾血、不敢解便的现象，可能形成恶性循环，使得大便更硬。此时必须积极治疗以免形成慢性肛裂	▶给予口服软便剂 ▶多吃蔬菜 ▶用温水泡屁屁 ▶大约1个星期肛门即可复原
慢性肛裂	由于急性肛裂没有愈合，时间久了形成慢性肛裂 此时，裂开的部分已出现纤维化，症状比急性期还严重，有些宝宝在肛门还会长出赘肉	▶必须以手术将纤维化的组织及赘肉切除，并将肛门括约肌放松 ▶再给口服软便剂及勤作温水泡屁屁 ▶要3个星期才能复原
肛门脓肿、瘘管	肛裂严重时，细菌会侵入深层，造成肛门脓肿、瘘管	▶必须用抗生素治疗 ▶并用手术切开 ▶复原更为费时费事

肠子里长息肉

此外，造成大便出血另外一个较少见的原因是，肠子里面长有"息肉"，也就是肠子内有一个个的小肉球，有的息肉上面还有蒂。息肉又分为许多不同的种类，大部分是良性，用大肠镜摘掉就可以了。

如果医生检查没有发现肛裂存在，又有大便出血的现象，就会考虑到是否有息肉的问题，会建议用大肠镜进一步做检查。

也可能是肠炎所引起

如果大便是稀稀黏黏的，中间混有一些血，那会考虑可能是得了肠炎，因为肠炎会造成肠黏膜发炎溃烂而出血。

这时候常会合并有肚子痛、发烧等症状。肠炎的出血是混在黏黏的大便中，与肛裂出血时血丝附着于大便表面的情形是不一样的。

总之，宝宝若有便秘或大便出血，必须及早治疗，愈早处理问题愈小。

第8章

宝宝生病了！

过敏·气喘·感冒

过敏与气喘

现代社会随着工业的进步，空气污染的加重，过敏儿的比率日渐增加，气喘已经成了愈来愈多人的噩梦。据统计，80%的气喘儿都在2~5岁之间发病；2岁以前孩子常见的过敏病症，则以异位性皮肤炎、荨麻疹、细支气管炎及过敏性鼻炎为主。虽然一岁以下婴儿较少有气喘问题，但是根据统计，还是有10%以上气喘儿童的第一次发病是在一岁以前。

在我国台湾目前每年仍约有1 600位气喘病人因气喘发作而死亡，但气喘患者拥有正确气喘病防治的却不到30%。

早期的照顾与预防确实对于未来气喘的防治很有效，所以在此特别以较多的篇幅加以说明。

什么是过敏？

过敏是指生物体对外来的异物（过敏原，即抗原）所产生的一种不适当反应，此种引起过敏反应的异物，我们通称为"过敏原"。

这些过敏原与其所产生的抗体在体内相互作用时，会使我们各种器官组织的细胞出现水肿、发炎，肌肉的平滑肌出现收缩、痉挛，以致产生了一系列不同的疾病，包括孩童期最常见的气喘、过敏性鼻炎、食物过敏、昆虫蜇刺过敏、皮肤过敏（例如异位性皮肤炎、荨麻疹）、过敏性结膜炎等等。

过敏罹患率，逐年增加中

台北市学童（7~15岁）的气喘病发生率，在过去20年间增加了8.3倍；资料环保署统计发现学童气喘罹患率为8.6%，疑似气喘者有18.8%，严重影响学童健康。

大台北地区学童气喘病罹病率报告中发现，气喘罹病率已由1974年的1.3%，增加至1984年的10.79%，显示有明显增加的现象。近年来，另外两次的大台北地区学童气喘病罹病率的问卷调查（1997年与2002年），其结果更是快速增加到16%与19%。而气喘病的死亡率，在2002年以前一直都是台湾地区每年十大死亡原因之一，到了2002年才降为第十一位。目前每年仍约有1 600位气喘病人因气喘发作而死亡。

除了气喘病外，过敏性鼻炎盛行率十年来也增加了4倍之多；此外，异位性皮肤炎及荨麻疹（皮肤过敏症）的好发率近20年来也分别增加了4倍。

不过，只要正确就医治疗，并配合医师用药，气喘等过敏症大多可获有效控制，小孩有效控制率更高达90%以上，生活几乎不受影响。

不同人生阶段，会出现不同的过敏反应

▶ **婴儿期（一岁以前）过敏以"胃肠"和"皮肤"为主：**

主要的表现是出现呕吐、腹泻、便秘、腹痛、拒奶、体重不增加等肠胃道的过敏，或是皮肤过敏症性湿疹表现的异位性皮肤炎。

▶ **幼儿期（1~3岁之间）过敏以"呼吸道"为主：**

进入幼儿期则表现出好像感冒一直不易痊愈，且生病的病程较长，时常咳嗽、流鼻水、打喷嚏，这些都可能是过敏性鼻炎和呼吸道过敏，甚至是气喘的标准症状。

过敏体质会随年龄改变

随着孩子长大，过敏症状也会出现变化，从一个器官系统转向另一个器官系统。

▶ **从食物过敏、湿疹，转为呼吸道过敏：** 通常在幼儿时期有食物过敏或湿疹的孩子，日后这些问题可能会消失，转而出现过敏性鼻炎或气喘的呼吸道过敏。

▶ **气喘大多会随年龄改善：** 到了6~7岁左右，60% ~ 70%患童的气喘症状会消失；到了十一二岁的年龄，完全摆脱气喘的孩子比例更高达90%。

▶ **鼻过敏似乎较难消失：** 虽然气喘病童的发作频率和程度，大多会随着年纪有明显的改善，然而却有不少孩子的过敏性鼻炎，会一直困扰到成人期。

▶ **也可能同时出现多种过敏症**：当然，过敏症状发生的顺序也可能改变，湿疹与气喘可以并存，也可能并发其他过敏症；也可能气喘持续到成年；或者在成年以后才开始出现。

哪些宝宝容易出现过敏症状？

▶ **有明显的过敏病家族史**：证据显示，若父母当中有一人具有过敏体质，则生下来的小孩有1/2会有过敏病的可能；假如父母两者皆有过敏病，生下来的小孩子得过敏病的机会也会加倍（即2/3）。万一父母已有过敏病，生下来的第一胎也遗传父母是个过敏儿，那下一胎再生出过敏儿的机会则可达百分之百。

此外，过敏体质的父母也容易生下过敏病的小孩。假如你患有过敏性鼻炎，那么你的下一代可能不只是会发生过敏性鼻炎而已，还可能会出现过敏性气喘或其他过敏病。

▶ **脐带血中的IgE≥1.0IU/mL**：刚生下来的新生儿，其脐带血中若有较高的过敏性球蛋白者，若测得脐血中的IgE≥0.9IU/mL，日后也较容易罹患过敏病。

如何在婴儿期避免未来过敏、气喘的发生？

▶ **怀孕第四个月起就要尽量避免过敏原，减少胎儿发生过敏的机会**：尽量保持环境卫生，降低尘（螨）量，少吃有壳海鲜（虾、蟹）、有壳坚果（花生）类过敏的食物。

▶ **尽量以母乳育婴**：因为牛奶是容易引起过敏的食物，牛奶所含有的大分子量蛋白甚易被婴儿尚未成熟的肠胃道吸收后，形成过敏原，引起过敏的发生，而母奶则无此顾虑。

不过哺喂母乳的妈妈，亦建议应尽量避免食用已确知对自己有过敏反应的食物，如牛奶及其他高过敏原的食物，如：有壳海鲜（虾、蟹）和有壳坚果（花生），而导致停喂母奶。

▶ **以减敏奶粉喂食**：若不能用母乳，亦建议使用低过敏性、用水解蛋白质配方的"减敏奶粉"，至少到6~9个月以上。

▶ **出生后6个月内不要喂副食品**：建议延缓副食品的添加至6个月后才开始，且对于高过敏原的食物，如牛奶、羊奶、豆奶、黄豆、麦、蛋、有壳坚果、有壳海鲜，应延后开始添加或避免食用。

▶ **居家环境注意清洁以隔绝环境中的过敏原**：家里要尽量保持干净，减少灰尘；室内不可太潮湿，以防止螨的繁殖生长，寝具最好也用防螨尘套罩住以隔绝尘螨；不在屋内抽烟、烧香，减少空气的污浊；使居室尽可能保持低螨、低污染的环境，以减少过敏原对人体的刺激。

过敏与气喘

异位性皮肤炎和湿疹

异位性皮肤炎及湿疹大部分始自婴儿期，最早是从小婴儿脸部开始，呈现剧痒、红色丘疹，混合小泡及渗漏、脱痂的现象；有时候小宝宝的头皮部分还会出现像滴了一层蜡烛油般、有明显不易剥离的油垢现象。

这些大多随着年龄长大就会好，只有少部分人会慢慢转移至颈部、四肢伸侧及躯干部，最后又会转到四肢弯曲有皮肤皱褶的部位，而皮肤病变也由红、湿、肿变成黑、干、厚，成为较顽固的病变。

过敏症与遗传

父母同时有过敏病史时子女出现过敏病的概率，远大于只有父母一个人过敏者。双亲一人有过敏者，小朋友有过敏的概率为30%～50%；两人都有过敏者，则子女过敏的概率可达50%～75%。

"反复性过敏咳嗽"是气喘的前期

反复性的过敏性咳嗽，在医学上就是气喘的前期，父母应有所警觉，多注意小朋友的周遭环境以及照顾上的各种细节。

当小朋友的气管出现像吹笛子一样的"哮鸣音"时，就很容易诊断出是标准的气喘病了。

是过敏，还是感冒？

感冒与过敏的症状都是咳嗽与流鼻涕、鼻塞、打喷嚏，两者之间初看之下不易分辨，以至于许多家长或是医生常把过敏的症状误认为是感冒，而有"咳嗽怎么老是拖着治不好"的感觉。

过敏症的特征

此时仔细询问孩子的病情，往往可以获得以下讯息：

咳嗽、鼻塞等症状常在每天早、晚，或是睡到半夜比较凉的时候比较明显；在白天的时候却可能一声都不咳嗽，小朋友这时候也没有喉咙痛、痰多等的标准感冒症状。

这些现象出现时——只发生在某些特定时间或环境，且会反复发作——通常表示并非单纯的感冒，而是过敏所引起的。

感冒的特征

如果是感冒引起，则症状出现的时间大多有一定的过程，平均一个星期之内会好，而且常会伴随喉咙明显的红肿或是喉咙痛的现象。

抽血检验过敏原和IgE

这些都是简单可以分辨的方法，如有必要做进一步的确定，则医学上最准确的证明方法就是检验血中的过敏原及IgE等。

综合而言，五岁以下的小朋友如果有以下情形，则很可能是气喘：

1. 咳嗽有一两个星期以上，一直喉咙痒，咳个不停。尤其早、晚、天气凉的时候咳得更为明显。

2. 开始时可能有喉咙痛，但是喉咙痛或是发烧早就好了。

3. 婴幼儿时就有异位性皮肤炎。

4. 父母亲也有过敏病史。

5. 平常鼻子也很容易鼻塞、打喷嚏或流鼻涕。

6.注意，不是所有的气喘都可以听到肺部有明显咻咻的哮鸣音！喉咙头一直痒到想咳嗽，讲话都不顺，甚至半夜天一凉就咳嗽，也是气喘的早期症状！

气喘儿居家照顾重点

造成气喘的原因，最主要的是因为过敏原的刺激，使气管黏膜发生慢性的发炎反应，阻塞到空气的进入；同时也会造成气管平滑肌的收缩出现咻咻的喘鸣音；再严重的气管黏膜可能会结疤、变形。

刺激气喘发作的因素可分为尘螨、湿度、温度变化及呼吸道感染刺激四项，分别叙述如下：

尘　　螨

气喘及过敏性鼻炎的幼儿90%以上对家尘过敏。分析家尘的成分，包括猫狗毛屑、真菌孢子、蟑螂分泌物等，其中尘螨为主要的肇祸过敏原。

▶ **尘螨喜欢湿热的环境：** 这是一种必须用显微镜才看得到的极小的节肢动物，平常用肉眼是看不到的，靠人类和动物脱落的皮肤为食。而卧室中的地毯、弹簧床、床垫是其分布最多的地方。

在25℃的温度，相对湿度80%最适合生长。根据研究，每克灰尘中含有十万分之一克的尘螨，就会引起过敏的症状。

▶ **如何把尘螨赶出住家？**　幼儿每天待在室内的时间最长，因此，建议家长在居家的环境清洁上应注意：

项　目	注　意　要　点
家　具	▶应以简单好整理为主
	▶不要使用地毯、弹簧床、榻榻米、厚重布的窗帘
	▶选择容易清洗的木质或瓷砖地板、百叶窗、木板床
	▶沙发最好是皮面的
冷气机	▶滤网要定期清洗或更换
	▶可改用具有空气清净功能的空调设备，以减少过敏原及诱发因素的产生
吸尘器	▶集尘袋最好是双层的，一般普通吸尘器有气孔的滤网，反而会更增加过敏原的扩散
日常环境清理	▶每星期用湿抹布或真空吸尘器清除家具表面的灰尘
	▶避免使用会扬起灰尘的扫把或鸡毛掸子来清扫
大扫除	▶扫除房间时，应先把过敏体质的幼儿移开现场
	▶清除掉堆在一旁的老旧物品
	▶搬开家具后再进行扫除工作
	▶在清洗液中加入防霉剂（须含有LYSOL成分）去霉
	▶用湿抹布彻底将房间上下擦拭干净
	▶将家具清洗搬回
寝具的选择	▶使用床单，可以避免患者与床垫中的尘螨接触，减少掉落的皮屑成为尘螨的食物来源，而防螨的布料或垫着塑料布，可防止尘螨的进出
	▶枕头宜使用化学纤维材料，因羽毛、棉花材料的枕头容易有过敏原滋生
	▶选用尼龙被、蚕丝被，再外披防螨被套
	▶尽量不要使用棉被、毛毯
清洁寝具	▶每周一次超过6小时的日晒，或用56℃以上烘干机，则可抑制尘螨
	▶每周用高于55℃的热水，或放在冰箱的冷冻库过夜，再用冷温水来清洗枕头套、床单及绒毛玩具，可以杀死尘螨
宠物与玩具	▶室内应该避免饲养猫、狗、鸟等宠物，因为动物的皮毛和排泄分泌物
	▶很容易引起过敏的绒毛填充玩具，可以换成容易清洗的橡皮或塑胶光滑表面的玩具

湿　度

一般过敏体质的人，最适合居家的温度约在24～28℃，室内外的温差不可太大。湿度最好控制在55％～65％之间，太干或太湿也会造成呼吸道的不适。所以，冬天用暖气时室内至少要放一盆水，或选购能够加水的电热器，使室内人的喉咙、气管不至于太干燥。

冷暖及感冒

天气变冷也是气喘发作的一个重要诱发因素。统计上，每年的4月、5月和10月、11月份气喘发作率最高，因为时值感冒的流行季节，而感冒时的咳嗽会加重气喘的症状。此外，寒冷的本身也刺激呼吸道，引起过敏。因此，在这些季节时对于气喘儿的照顾要特别留意，必要时可以在外出时戴上口罩，以避免冷空气对口鼻造成直接刺激。

运动引发的气喘

剧烈的运动可以引发严重的气喘，甚至死亡。正在气喘的小朋友是绝对禁止剧烈运动的。但是，如果不是正在发作的气喘儿，我们反而鼓励他参加运动，只是在参加运动前一定要先按医师的指示服用（或气管喷药）预防性的药物。

起初不要激烈地运动，且在运动前最好热身一下，以减少对肺部的刺激。假如在运动中气喘发作了，一定要立刻停止活动并马上用药物治疗。正常的运动，可以调整小朋友的体力，降低发作次数。

？ 容易引起过敏反应的化学物质

以下物质容易引起上呼吸道过敏者的过敏反应，要特别注意：

· 新家具和刚刷油漆的物品所含的甲醛。
· 复印机、传真机释放出的活性炭粉。
· 新书、报纸的油墨。
· 抽烟的烟雾。

气喘的治疗

气喘治疗的重点：最重要的是减少过敏源。如果没有过敏原的刺激，气喘自然不会发生。

在气喘的治疗方面，目前全世界各国的医学界大致会遵循全球气喘创议组织（GINA, Global Initiative For Asthma），整合全世界重要气喘治疗专家的意见，所公布的气喘诊疗指引，最新一版的气喘诊疗指引是在2006年11月13日公布。这是从1991年来第4次修正。新版的诊疗将气喘治疗以严重度为依据重订治疗指标，并将治疗步骤整理得更为简单，希望能降低全球气喘的罹病率以及致死率。

依据2006年GINA的气喘治疗准则，气喘严重度只大略区分为"间歇性"与"持续性"气喘两类，但是将气喘的阶梯式治疗方法分为第1阶至第5阶，依照病人目前的气喘控制程度与使用药物，来决定治疗药物的选择。因为涉及医学较专业的内容，在此书不便多述，有需要时可请教相关的医师。

治疗气喘病的药物有两大类：一类是解除症状用的支气管扩张剂，另一类是预防性的抗发炎药物。

这两大类药物都有口服及吸入性两种剂型，使用吸入性药物可以使药物在呼吸道达到较高的浓度，且减少全身性的副作用。

传统上在气喘发作时最常用的药是"气管扩张剂"，将狭窄收缩的气管尽量放松。

支气管扩张剂，包括交感神经作用剂（β_2-Agonist）及茶碱（theophyllin）两种，作用是让支气管上的肌肉放松，使呼吸道变得通畅，而解除咳嗽、呼吸困难等气喘症状，支气管扩张剂一般是在有症状的时期使用，或在运动前使用吸入型支气管扩张剂，以预防运动后的气喘发作，可是有些支气管扩张剂必须按照规则吃，以减少症状的出现，特别是睡前吃，可以预防半夜出现症状，但却可能有手抖、心跳加速、不易入睡等副作用，但是，这些副作用已经可以经由药物的改进而降低到很不明显的程度。

　　另一类是预防性的抗发炎药物，包括抗组织胺剂、吸入性类固醇、白三烯调节剂3种，对于经常出现气喘症状的病人，规则性地使用此类药物，能使呼吸道的发炎反应长期获得控制，气喘症状自然就会减少，吸入性类固醇只会在少数病人产生轻微的局部作用，如口腔内长白色念珠菌，就可以用吸药辅助器及漱口来防止。

　　在气喘病急性恶化时，可依据病情的需要，短期使用口服类固醇约3～10天，这是安全且有效的治疗，不会有严重、不可逆的副作用。

　　若症状需要到口服类固醇或吸入支气管扩张剂才能稳定时，就表示应该每天使用吸入式抗发炎性药物。事实上，规则性使用抗发炎药物不会产生所谓的抗药性或依赖性。反之，若没有适当使用吸入性抗发炎药物，而让气喘症状常常处在发炎状态，久而久之，呼吸道可能会出现不可逆的发炎、肿胀，甚至纤维化的现象，肺功能也会变差。

　　现在气喘治疗上一个非常重要的新观念就是不要怕使用类固醇，因为经过医学上长期的观察及研究以后，现今已经非常了解，气管的慢性发炎、水肿、变形才是致病的最重要的因素。如果治疗时单独地使用气管扩张剂，则只能暂时放松气管，但是对于气管黏膜下层的慢性发炎是完全没有效果的。长期只使用气管扩张剂只会使发炎慢慢变重，治疗会愈加困难。

　　而目前所使用的吸入型类固醇如果按照医生指示使用，是没有什么副作用的，却可以有效降低黏膜的慢性发炎反应，在治疗上是不可以缺少的，所以类固醇的使用在气喘治疗上已愈来愈重要。

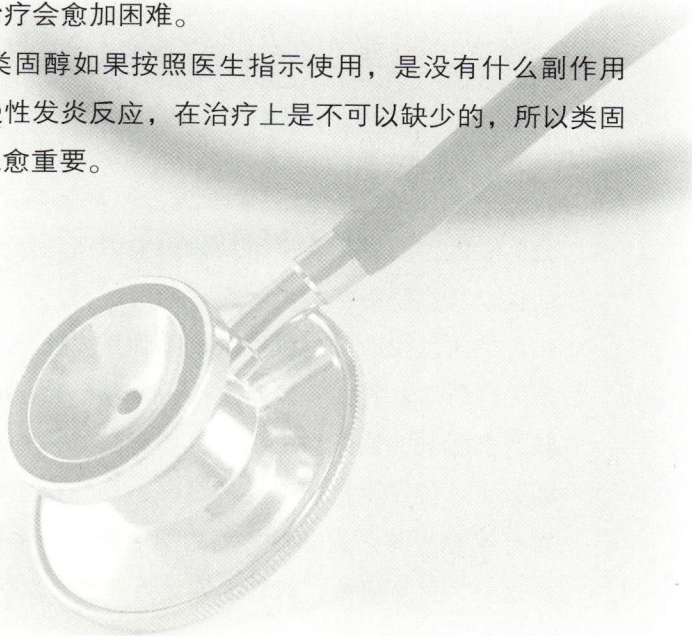

有哪些常用药物呢？请见以下表格：

分　　　类		药　　　名	剂　　型
治疗气喘常用药物	抗炎性药物 — 类固醇	prednisolone	吸入剂
		pulmicort	口服剂
		Budsodide	注射针剂
	抗炎性药物 — 非类固醇类抗发炎剂	Sodium Cromoglycerate（Intal）	
		Nedocromil Sodium	
	气管扩张剂	乙型交感神经刺激剂	口服或吸入剂
		胆碱抑制剂（如Ipratropium bromide）	
		茶碱（Theophyllin）类	口服剂
	抗过敏剂（即抗组织胺剂）	Benedryl	传统短效型
		Allegra, Cetrizine etc	新一代长效型
	白三烯调节剂	Singulair（欣流）	口服剂
	类固醇与气管扩张剂合剂	Seretide（使肺泰）, Symbicort	吸入剂

类固醇

　　在治疗气喘的药物中，类固醇是最常被使用的。然而，现在大家只要一谈到类固醇就脸色大变，好像它是有害人体的毒物一样，其实，事情并非大家想象的那样。

▶ 什么是类固醇？

　　人体内原本就会分泌"类固醇"：类固醇是人体肾上腺所分泌的一种成分，它的主要作用在于维持体内电解质与水分的平衡，也负责维持细胞的活性以及细胞对营养的利用；同时还有抗发炎、稳定细胞的作用，可以在伤口感染发炎时加速细胞的修补作用。此外，类固醇的延伸物也是形成人体内性荷尔蒙的主要来源，对于性功能及性器官的正常发育非常重要。

　　缺乏类固醇会影响生命机能：类固醇是一种人体内本来就存在、每天会不断分泌、维持生命所必要的成分，属于荷尔蒙的一种；如果肾上腺不能正常分泌类固醇，人体各方面的功能就无法维持，进而出现血压、血糖降低的现象，甚至死亡，医学上称之为"安得生病（Addison disease）"。

以人工合成类固醇弥补人体分泌的不足：当人体免疫系统出问题，罹患各种与免疫功能有关的疾病时，医学上常会为患者体外补充一些人工合成的类固醇，以加速细胞功能的恢复，及保持患者体内的各种水分与电解质平衡。

适当运用是好事：这些人工合成的类固醇在适量补充的原则下，可以弥补体内分泌的不足；但是如果额外补充的量太大，反而造成代谢过度的现象，例如：水牛背、月亮脸、多毛、男性化、抵抗力降低、骨质疏松……所以使用时，必须在其功能及副作用间找到一个平衡点。

过度使用副作用大：例如患者在气喘时，类固醇的抗发炎及稳定细胞的作用就是很好的选择。然而，如果打算长期使用，则只建议使用喷剂，以免用量太大，对身体产生不良影响。

大量或长期使用需有医生指示：但是如果在治疗严重而顽固的病人时，使用类固醇则可以用"大量速效"的方式给予，这样使用反而产生副作用的概率少。例如，可以用口服、打针的方式给药，一次给足药量，但给药时间要短，在几天时间内就停药效果是相当好的。

当然也有患者需要"长期"使用，此须由医师视病况决定，通常比较常见于同时还患有其他免疫病的患者身上，例如：类风湿性关节炎、红斑性狼疮和癌症等。

类固醇的使用方式

▶ **喷雾吸入剂**：类固醇的喷型吸剂，在标准医师建议量之下使用时，其安全性相当高，对于全身性的副作用很少，不会造成月亮脸、水牛背等现象，对生长也没有影响。

唯独需有耐心，因为类固醇主要是预防气喘的发作，不是吸入后立刻有气管放松的治疗效果，必须连续使用5～7天以上，效果才会明显。连续使用可以使气管内因为过敏所造成的发炎现象逐渐降低，原则上，一个疗程建议使用至少4~6个月。

▶ **干粉式吸入剂**：可以单独含有类固醇或合并气管扩张剂。现在使用甚广，例如：Seretide、Symbicort有不同的药剂含量，方便不同年龄、症状选择使用。

▶ **口服、注射剂：** 对于急性严重的发作，使用气管扩张剂的效果都不明显时，建议一次由静脉或口服给予大量的类固醇，短期使用并不会有副作用。较顽固的患者为了维持疗效，则建议用prednisolone（每千克体重每天给1～2毫克的量口服），一天只有早上给予1次。

当气喘的症状一稳定，就立刻停止口服，平均只给3~7天的药，所以对人体的副作用也非常少。

当然，当长期使用大剂量的吸入式类固醇时，副作用也就和全身性类固醇相似了，所以在使用上还是必须由专科医师指导，以最少的剂量达到最好的治疗效果；正确的治疗观念、正确的使用步骤以及使用辅助器（Spacer）、其他药物（长效型支气管扩张剂、茶碱、白三烯拮抗剂）的适度合并使用，都可减少吸入性类固醇的使用剂量。

短期全身性类固醇的使用对于严重急性气喘发作，不但可减少支气管的发炎反应，也可加强选择性β_2交感神经兴奋剂的疗效；长期使用吸入性类固醇则除了抗发炎效果外，也可以降低气管的敏感性，减少气喘再发作次数；如果因为担心生长受影响而不去使用或使用不当，反而容易气喘发作，容易使用到全身性的类固醇，而气喘的经常发作更会影响到生长发育，结果将得不偿失。

非类固醇类抗发炎剂

用在治疗气喘的非类固醇类抗发炎剂有Sodium Cromoglycerate（Intal）及Nedocromil Sodium两种。

▶ **白三烯调节剂Singulair（欣流）：** 白三烯调节剂的使用已证实可以减低methacholine引起的呼吸道过度反应及干冷空气引发的气喘。在陆续发表的研究中也证实，其对气喘及过敏性鼻炎有疗效且有多方面的应用，在新的治疗准则中，也将其纳入对轻微但持续性气喘的慢性控制的用药之一，不过目前上市的各种白三烯调节剂，因剂量不同（4毫克、5毫克、10毫克剂量），适用于不同的年龄层，某些药只可用于6岁以上的儿童，且并非适用于所有的小朋友。同时并不建议单独用于中重度的气喘，因此对于在儿童气喘的应用上仍需注意。

在儿童使用了白三烯调节剂3个月时，研究指出既可减低气管扩张剂的使用率，也可以降低类固醇的使用率（自28%下降至19%）。对吸入型类固醇无效且小于5岁的气喘儿童，白三烯调节剂被视为一种"加强治疗"的功能。

安全性：目前并没有任何证据显示有和白三烯调节剂使用相关的安全性问题。

▶ Sodium Cromoglycerate（Intal）：这些属于非类固醇的细胞稳定剂，可以使呼吸道黏膜部（包括气管及鼻腔）上容易造成过敏的肥胖细胞（mast cell）在受到过敏原的刺激时不易过度反应，可以有效减少过敏及发炎现象。

· 适用对象：

1.举凡呼吸道的过敏，包括过敏性鼻炎及气喘，均可使用此药。

2.其他对于因为冷暖温度变化以及运动刺激所引起的过敏反应也非常有效。

3.比较适合轻度及中度气喘患者，严重者还是需要用类固醇治疗。

· 使用建议：在运动或其他因素致使气喘发作之前15分钟先给药，可以有效预防其发作。

· 给药方式：目前市面上有3种不同的包装可用：

形　　式	使　用　建　议
定量吸入式	目前很常用，每压挤一次可以喷出一定的量，将此固定量吸入肺部（或鼻部）治疗。
干粉吸入式	类似于定量吸入的方式，但是吸入的是粉剂。这种方式给药到达肺中的浓度最高，然而一般患者的接受度不高。
喷雾式	使用比较方使，可用于年幼儿童，利用水剂喷雾式给药，但目前为止国内尚未进口。

· 副作用少：甚为安全又没有类固醇所可能发生的副作用，偶尔可见使用后有口干、胸部紧紧的、恶心、出疹现象。

▶ Nedocromil Sodium：是一种比Sodium Cromoglycerate更为有效的抗发炎药物，化学结构不同，但是药理作用相似，给药方式以定量吸入剂为主，副作用也与前者相类似。

气管扩张剂

▶ **乙型交感神经刺激剂：**是一般人使用最广的支气管扩张剂药物，可以分为"短效型"及"长效型"两类，也都有口服剂或吸入剂两种用法。一岁以下幼儿因为气管壁内的平滑肌还没有发育好，使用支气管扩张剂的效果不太显著；对于一岁以上者，其效果随年龄而增加。

在新的治疗准则中，长效型的口服或吸入式的支气管扩张剂（如Salmeterol、Formoterol、Procaterol）因为药效长、副作用少，近年使用更为广泛，尤其常用于中、重度的持续性气喘，可以改善夜咳或运动诱发气喘的症状。

但是并不建议单独一直使用支气管扩张剂来治疗气喘，若气喘连续发作，医生需要考虑加入吸入型类固醇或并用白三烯调节剂。

▶ **胆碱抑制剂：**亦可降低2岁以下幼童的支气管阻力，最常用的是Ipratropium bromide，建议最好与乙型交感神经刺激剂合用。

▶ **茶碱（Theophyllin）类：**婴幼儿少用，一般大于3岁以上的小朋友及成人较常使用，可以扩张气管，也有抗发炎及降低气管内黏液分泌的作用，但是因为副作用大，时常合并有严重的肠胃症状，例如：恶心、呕吐、肚子痛等，也会引发头痛，有时甚至会引起心跳停止，所以医师必须时常验血，监视患者血液中的药品浓度。

使用此药治疗气喘急性发作必须静脉给药才能有迅速的治疗效果，如果只用口服，因为口服以后血液中药的浓度升高需要时间，平均大约要两天后才能出现治疗效果，较适用于长期慢性的患者。

"抗过敏剂"

"抗过敏剂"即医学上的"抗组织胺"。组织胺是过敏反应脑细胞所释放出的一种物质，可以使血管扩张、黏膜肿胀、皮肤出现疹块，因此会出现鼻塞、打喷嚏、眼睛红、气管黏膜红肿等现象。

▶ **抗组织胺的作用：**医学上所用的抗组织胺，其作用可以中和因为过敏患者的体内所产生的组织胺，避免上述过敏现象的发生或缓解发作的程度，以减少患者的不适。

▶ **使用建议**：抗过敏剂有很多种类，长期使用同一种抗组织胺时，身体会产生抗药性；所以当使用一段期间效果开始变差时，便应告知医生，医生会换另一种使用。

▶ **抗组织胺的药用类型**：传统的多为短效型，一天需服用3～4次以上，且有头昏欲睡等副作用，可能影响上课与开车的专心；有的人则还会有胃部不舒服及口干等副作用。新一代的则改为长效型，较没有这些副作用。

▶ **新一代的长效型**：一天只需用1～2次（如Centrizine、Fexofenadine等），较为方便，较少有嗜睡的副作用。但是要特别注意，有些长效的抗组织胺（以Teldane为主），在与某些药物合用（如红霉素类、Ketoconazole等）时，可能引起肝脏、心脏功能的衰竭甚至死亡，需特别小心。

❓ 气喘的治疗

游泳有助于改善气喘

在小朋友团体生活的合群性及心理感觉上也很重要。

我们尤其鼓励在每年七至九月份，气喘儿最少发病的季节多去游泳，这是增加肺活量非常好的运动，尤其游泳时的换气动作，对肺部非常有益。

许多气喘的孩子在游过一个夏天以后，当季秋天的气喘发作次数往往大为降低。

类固醇不应当做治疗感冒的特效药

有些医师利用类固醇的抗发炎作用，将它用在感冒等一般疾病的治疗上，虽然表面上患者很快就可以感觉病情明显好转，但可能因为医师根本没针对病因处理，例如未控制体内造成感染的细菌，终会引发更大的问题，并不可取；更何况大量使用会造成上述的各种副作用。

口服、注射剂类固醇的给药模式

以往，Prednisolone的旧用法是一天3次，平均给药，但是容易有副作用。

而人体本身体内所分泌的类固醇也是每天早上的量比较高，下午比较低，依照现在的给药模式，只有在早上给，符合人体的自然情形。

过敏原检验与减敏针治疗

以往检验过敏原要做皮肤试验，现在只要用抽血的就可以了，检查的速度比以前快，且不需要打针受罪。

有时候，减敏针治疗效果不好？

但是，有很多人做了过敏原检验，再用减过敏针治疗时，却发觉治疗的效果并不好。目前许多欧、美、日的学者，也不建议优先使用不断打针的减过敏疗法。全世界非常权威的新英格兰内科医学杂志（New England Journey of Medicine）在2002年最新的论文报告中，也明白表示减敏疗法并无任何效果。推测其无效的原因是：

▶ **不一定能找到真正的过敏原：** 由于造成过敏的过敏原种类很多，在做过敏原检验的时候，通常只能选择二三十种常见的过敏原做试验；而其他许多造成过敏的重要因素，包括机动车的各种废气成分、家具材质成分以及各种不同的花粉、家庭装潢时各种材料的气味等，都不能纳入试验的范围。

而且生产这种检验试剂的国家，其厂商所生产的试剂种类，也不符合其他不同国家的环境。

近来国内也有机构生产这种试剂，但是项目也不充裕，因此在做过敏原检验时，也就不见得能检验出患者真正的过敏因素，治疗效果当然大打折扣。

▶ **疗程太长，容易失败：** 此外，由于用减过敏针治疗的过程拉得很长，往往一个疗程就需要2~5年，若半途而废，也会失败。

▶ **停止打针后又故态复萌：** 有些有效的患者，也只有在持续打针的那一段时间内有效，打针一停止，很快又恢复原来症状。因此，国外的学者建议，如果能在环境改善和用药上多加努力，治疗气喘的效果反而更好。

中、重度过敏，才考虑使用减敏针治疗

所以一般过敏的小朋友，如果症状不重的，一般用药与良好的照顾就足够了；如果是中、重度以上的患者，才考虑用减过敏针治疗。

尤其是患有气喘的小朋友，其症状时常会随着年龄的增长而逐渐自行改善。因此，是否值得花2～5年的时间来做这种治疗，治疗后到底是治疗的效果，还是本身自己因为年龄增长而自己好的，则仍有疑问。

所以，也只建议中、重度以上的过敏或气喘患者，才有必要考虑长期打针治疗。

打针，不是解决健康问题的万灵丹　NOTE

减敏针治疗在国外很少做，在国内却是很常做的另外一个原因，可能是治病文化的不同：欧美等国很少会给任何患者打针，觉得那是一种伤害，任何症病若口服药的效果与打针的效果相同时，为什么要选择有伤害性（也就是所谓"侵入性"的）的打针方式治病？
更何况长期压迫着小朋友去打针，小朋友的个性会变得畏缩、不安、压抑，甚至出现反射性的易暴躁性格，对于他个性的自小养成并不好。
目前国内各大医学中心已很少在门诊中为病童打针了。但是大部分国内的家长，潜意识里仍存在"喜欢打针"的文化，无形中助长了打减过敏针治疗过敏的风行。

长大后，气喘自然会改善

小学时，身体的发育已经比较稳定，这时候大约有60％～70％以上的气喘小朋友会自动好转。到了十二三岁，身体开始发育，进入青少年期的时候，有90％以上症状会自己好。

气喘监测器——尖峰呼吸气流计&肺量计

气喘发作会使气管收缩，气管的内壁水肿，气管里面的分泌物增加，进而使得肺的呼吸量变差，导致患者出现"肺功能降低"的现象。

测量肺功能的变化也是气喘严重度的指标，若再能配合临床症状的变化，可以是治疗用药最重要的参考。一般常用的测量器主要是"尖峰呼吸气流计"和"肺计量"两种。

尖峰呼吸气流计（peak flow meter）

▶ **原　理：** 这是测量用力吐出一口气时，可以达到的最大流速，可以测量气管阻塞的程度，其结果可以做病情轻重的指标。

▶ **优　点：** 因为其体积小方便携带、价格较低，病患个人及医院诊所使用都很方便。

▶ **适用对象：** 气喘病情中度以上的患者，可以用这种方法，每日自我测量肺功能，作为治疗的指标。

▶ **使用步骤：**

1.将指针移到零点的位置。

2.刻度朝上，双手握住流速计，手指不可放在刻度处。

3.深深吸饱一口气，将流速计水平地放入口中，以嘴唇包紧咬嘴，然后在最短时间内用力、快速地将气体吹入流速计内。

4.取下流速计，读取指针在刻度表上的数值，即为你的尖峰呼气流速。

5.休息30秒后，重复1-4的步骤，总共吹3次。

6.在3次的数值中取最高值，并记录在图表内。

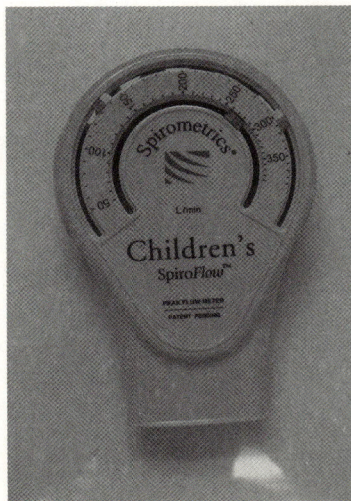

尖峰呼气流速的用法

由所测到的最佳尖峰呼气流速，订定红、黄、绿灯三区，以帮助你了解呼气状况，作为治疗的指标（尖峰呼气流速计虽然只适用在5岁以上的小朋友，但是因为在全世界的气喘治疗上有其指标性，仍加以介绍）：

▶ **绿灯区**：在最佳尖峰呼气流速的80%以上：安全→表示气喘症状控制稳定，可以维持用药不变。

▶ **黄灯区**：在最佳尖峰呼气流速的60%～80%：小心→表示可能会有气喘发作，需增加或调整用药以回到绿灯区。

▶ **红灯区**：在最佳尖峰呼气流速的60%以下：危险→表示随时会有气喘发作的危险，可能马上需使用乙型交感神经作用剂的吸入剂，如用药后仍无法回到黄灯区，必须及早送医。

肺量计（Spirometry）

用来测量呼吸时容积与流速间变化的情形，可以诊断出肺功能受损的程度，但是因为其价格较高、体积较大，较适合医院使用。

气喘儿父母照顾重点
▶确实依照医师指示服药，并了解药物的用法，作用与副作用。
▶如遇感冒，不要擅自停用气喘药物，并且不要轻易相信偏方及非科学的治疗。
▶如遇有下列情况时，应立即求治：
▶1.上呼吸道感染；　2.喉咙发炎、肺炎；　3.流行性感冒；
▶4.发烧；　5.半夜咳嗽严重至影响睡眠。
▶气喘发作时，切勿强制忍耐，必须尽早求医，以防发生生命危险。

过敏性鼻炎

　　过敏性鼻炎是一种非常常见、令人困扰的文明病，随着社会的进步、工业化的结果，各类空气污染使15%～25%的人曾有过敏性鼻炎的现象。

大人、小孩都可能罹患

　　各种年龄层的人都可能有过敏性鼻炎，只有几个月大的小婴儿也可能出现症状。所以在本书前面讨论牛奶的部分就曾经强调："家族有过敏史的小宝宝不适合在6个月大以前添加副食品，甚至于建议给他喝专门的减敏奶粉，以尽量降低他发作的概率。"

过敏性鼻炎的分类

　　过敏性鼻炎在医学上又可以分为"季节型"与"整年型"两大类：

类　型	特　　　　征
季节型	大多出现在春秋等季节交替、各种植物开花的季节。由于各种花粉甚至稻草味道的刺激，患者特别容易打喷嚏、鼻塞、流鼻水
整年型	多半是日常不断接触的环境问题所引起的，例如动物的皮屑、螨、家尘、棉花、真菌等，因为不断地接触这些过敏原，所以症状会终年持续不断

鼻子为什么会过敏？

▶ **有先天性的过敏体质**：体质是一种身体的特性，受基因控制，就像黄皮肤、黑头发一样，是一种不能用药物改变的遗传特质，这也就是目前医学上尚无法用药物改变的原因。

　　有些人求好心切，希望能有奇迹出现，一些不道德的医师也常利用一般人的这种弱点，大肆宣传可以改变体质，就像是宣传专治癌症一样，只是来骗人金钱而已。

▶ **过敏原的刺激**：当鼻子吸入过敏原后，会刺激身体产生抗体，这些抗体会附着在鼻黏膜的"过敏细胞（Mast cell）"上，当过敏原又再进入的时候，便会与这些细胞上的抗体发生作用，释放出大量的"组织胺（Histamine）"及其他物质，造成鼻黏膜充血、肿胀。

患者接触过敏源的时间愈久，接触到的过敏原浓度愈高，则鼻黏膜充血、肿胀的情形就愈严重。所以，过敏性鼻炎的严重程度与接触过敏源时间的长久、浓度有密切关系。

▶ **温度、湿度的刺激：**其实，冷暖、湿度并不会本身引起过敏，然而有过敏性鼻炎的人会对冷暖、湿度变化的反应特别明显，有人称之为"血管运动型（Vasomotor）"。

换句话说，当冷暖、湿度一有明显变化时，过敏性鼻炎患者的鼻黏膜会特别容易充血、肿胀而感到不舒服。所以冷暖、湿度的控制，对减轻鼻子过敏症状来说，也很重要。

症状明显

▶ **一般症状：**过敏性鼻炎的症状包括鼻塞、流鼻涕、打喷嚏、鼻子痒、眼睛痒、皮肤出现荨麻疹、咳嗽等等。其中影响层面最广的是鼻塞，因为鼻塞会使人觉得头昏、头痛、注意力不集中、眼睛充血，非常不舒服。

有的患者因为灰尘或冷暖临时的刺激，会出现症状比较明显的现象，尤其是季节变化日子的早晚特别明显；有些症状较重的患者会整天症状一直持续。

▶ **"可能"引起鼻窦炎：**过敏性鼻炎也可能因为鼻腔充血而引起鼻窦炎、中耳炎等并发症，然而并非每个过敏性鼻炎的人都一律有鼻窦炎。坊间有一些医生为了拉拢生意，时常过度诊断，尤其是一岁以下的婴儿，因为鼻窦的发育尚未完全，发生鼻窦炎的比率更少，绝不可把任何流鼻涕的宝宝都说成有鼻窦炎。

诊断方法

过敏性鼻炎的症状与一般感冒所引起的鼻炎症状有时非常相似，不易分辨，但医师还是可以从详细的问诊或以抽血检验的方式加以确定：

▶ **详细的病史：**要仔细询问是否与季节变化、周围环境、家中宠物、饮食习惯、温度或湿度变化等因素，有任何相关联。

▶ **是否有任何感染的其他症状**：若是同时有喉咙痛、发烧等感冒症状，则要优先考虑是否为因感冒引起的鼻炎。

▶ **是否有其他刺激因素**：例如辛辣、香烟、油漆味也会造成暂时性的"刺激性鼻炎"，这不算是过敏。

▶ **检　验**：是否做过敏原试验呈明显阳性，血中的过敏性抗体（IgE）有无升高？鼻黏膜分泌物中嗜伊红性白细胞（Eosinophil）有无升高。

药物治疗

▶ **抗过敏药物**：有各种长效及短效的抗过敏药可治疗鼻子过敏，但常会引起嗜睡的副作用，现在医药界已经在尽力做各种改善，以降低此种副作用。但是国内的保健制度使医生大多不敢开较新、较好、较贵又没有副作用的药，所以治疗时还是常会用到会有嗜睡副作用的药。

▶ **类固醇喷鼻剂**：此药可减少黏膜充血，使鼻黏膜较为稳定，一般是以预防性为主，原则上开始时每日早晚各使用一次，每次各鼻孔喷1~2下，但是要持续5天以上才能有稳定的效果，不适合急性期的治疗。

由于只作用在局部，全身性的副作用产生概率很少，相当安全，但是仍需由医师评估过以后再用。

▶ **非类固醇类的细胞稳定剂Sodium Cromoglycerate（Intal）**：较不担心任何副作用，只是每日要用5次，较不方便。

过敏原的检验及减过敏针治疗

与讨论气喘时所谈及的原则相似，请读者参考200页。

环境中过敏原的控制

· 地毯、沙发垫、厚重窗帘等易生螨及聚集灰尘的家具应少用。

可以以空气清净机及除湿机保持环境的干净、稳定。

· 如果经济情况许可，防螨的日用品是很好的选择，尤其是使用防螨寝具可在夜间大为改善患者的症状，对于睡眠的稳定很有帮助。

过敏性鼻炎的手术

鼻黏膜会因过敏而肿胀、肥厚，也称为"鼻息肉"。有些医师会建议开刀，以手术治疗，有的则不开刀，而用电烧、激光或塞入药品的方式烧掉鼻黏膜。

▶ **"手术效果能否持久"是主要考量：**这些归类于"手术治疗"的方法，都只能清除一部分的黏膜层，而无法把肥厚部分完全割除，治疗后的效果持续的时间通常不长，短则两三个月，也有少数幸运者持续了几年。所以任何医师建议开刀的时候，都要问医师："手术后的效果能持续多久？"

▶ **再询问第2、第3位医师的意见：**如果被诊断为鼻窦炎而告诉你需要开刀，你也一定要再询问第2位，乃至第3位医师的意见，到不同医院，请别的医师再确认是否真的有鼻窦炎，是严重到只能开刀吗？用药就不能治疗吗？

过敏性鼻炎

"花粉热"与"干草热"

也有人将春、秋等季节交替出现的过敏性鼻炎，称为"花粉热"或"干草热"，但是并没有真正的热或发烧的现象，只有脸部因为鼻子过敏打喷嚏、鼻塞，而会胀得比较红。

鼻窦炎的诊断

诊断鼻窦炎最好的方法是照X光。因为鼻窦发炎时会有一些化脓的分泌物聚积在鼻窦的空腔内，所以从X光片上可以看到鼻窦内有一些液体，甚至有一层"液体面"出现。

有时鼻窦内也会因为充满分泌物而在X光片上成为完全不透光。

一般鼻窦炎时鼻窦内黏膜的厚度会变肿增厚，其厚度要超过4毫米以上才能确定。

不建议用中医的"药炙法"治疗过敏性鼻炎

关于过敏性鼻炎的治疗，绝对不建议使用"将药草塞入鼻内"的药炙法，因为塞入的药草量及范围都不易控制，可能会烧穿鼻中隔，甚至毁容；以前出现严重副作用者并不少见。冒此风险来治疗鼻子过敏，不值得啊！

很像气喘的"急性毛细支气管炎"

"急性毛细支气管炎"是一种呼吸道传染病，最常见的感染年龄是6个月左右，两岁以后较少发生。其症状与气喘类似，宝宝也会呼吸困难，气管出现"咻咻"的哮鸣音，这是因为支气管末端的毛细支气管被感染以后，呼吸不顺出现的症状，严重的时候，可能因为呼吸衰竭致命。

由于这种病的症状与气喘类似，常被非小儿科系统的医师误诊与误治，有时被当成气喘治疗，有时则只有洗喉咙及抽痰，耽误治疗时机，父母一定要注意。

与病毒感染及早期气管过敏有关

急性毛细支气管全年都可能发生，但高峰在冬天和春天，造成的原因以"呼吸道合体细胞病毒（RSV）"和"副流行性感冒病毒"感染最为常见， 但是也常发生在有过敏体质的小朋友， 与早期过敏有关。

婴幼儿呼吸道感染此类病毒的来源，大都是来自父母（保姆）及家人：主要经由病人飞沫传染。因此，父母或家人患有感冒或咳嗽症状时，应尽量避免与婴幼儿接触，同时少带婴幼儿到公共场所，以减小被传染的概率。

早期症状似感冒，后期症状似气喘

急性毛细支气管炎的症状，起先比较轻度，类似一般感冒，如咳嗽、流鼻水、打喷嚏、发烧；过几天后，咳嗽会突然加剧，容易吐奶，食欲减退，烦躁不安、睡不好，且有喘鸣声和呼吸困难（发绀）的现象。

轻微者2～5天内症状消失；较严重者，可能出现明显的呼吸速度变快、胸骨凹陷、脸色变白、咳嗽不出来，同时发出类似吹笛子般细细长长的哮鸣音；更严重者则可能呈现昏迷状态。

若未及时治疗，将转成"阻塞性"毛细支气管炎

宝宝患病后若没有及早治疗，发炎的毛细支气管内层可能因为结疤变粗糙而形成长期的排痰不顺，以后会有相当长的一段时间（几个月以上）都有明显的痰音，甚至会出现间歇性的喘音，感冒时症状更明显，此在医学上称为"阻塞性"毛细支气管炎。家长常会为此很烦恼，无法理解为什么宝宝有痰一直好不了。

一般而言，自小婴儿至成人阶段，气管的总面积大约增加10倍以上，大约每半年就有新一代的气管黏膜增生。因此，发生"阻塞性"毛细支气管炎的宝宝常要等到半年以上，待新一代的气管黏膜细胞代替了旧有的结疤部分后，症状才会逐渐改进。

诊断与治疗

- 胸部X光显示肺部明显过度充气，约1/3的患者可见到类似肺叶有广泛性的发炎浸润现象。
- 白细胞检查，数目通常正常或稍增加，比例上淋巴细胞较增多。
- 严重患者，血液气体分析检查可能会引起所谓的"酸中毒"或血中二氧化碳增多现象。
- 有呼吸窘迫现象的婴幼儿应予以住院治疗，给予氧气吸入、静脉注射补充水分和调整电解质；若有呼吸衰竭，必须给予人工呼吸器帮助。
- 标准的毛细支气管炎很少再发，如果反复有相同症状发作，亦要考虑是否是过敏气喘的早期现象。

？急性毛细支气管炎

"阻塞性毛细支气管炎"与标准的"急性毛细支气管炎"的区别

· 标准的急性毛细支气管炎以喘音为主，痰时常不多。

· "阻塞性"毛细支气管炎则是痰较多，喘鸣音反而不那么长而明显，只是会拖很久时间一直没有改善，外表症状也不像标准的急性发作时那么严重。

其他会出现哮鸣音的情形 NOTE

前面已经说明如果婴幼儿在呼吸时出现像吹笛子的哮鸣音，最常见的因素可能是"气喘"或"毛细支气管炎"。但是，还有一些其他情形可能引发哮鸣音，且有咳不停的现象，亦需加以注意：

支气管被卡住

6个月以上的宝宝，开始会抓着身边的玩具玩。有时，一个不注意，玩具的小配件被他塞到嘴里，然后滑进气管，甚至卡在支气管的某个部位，此时就会听到宝宝气管里有咻咻音，而且咳嗽一直不好。

这种情形不论是电视、报纸或各医院内都不少见，如果不及早处理，被阻塞的肺叶下部就会出现肺炎现象，甚至危及生命。因此，如果宝宝发出的咻咻音是在胸部，即要考虑到是否有此现象的可能。一般的处理方法是，到了医院后用"气管镜"把异物取出。

先天性气管发育不良

先天性部分气管发育不良（即所谓为"支气管软化症"），或支气管管腔先天性狭窄的宝宝，均会在出生后呼吸时出现局部的哮鸣音。有时胸腔中大血管的位置长得不对，也会压迫到支气管。

痰很多的感冒

有时感冒也会阻塞一部分气管，使其发出哮鸣音。

治疗感冒的基本原则

不论是小孩或大人，感冒仍然是大家最常得的病，也是大家最关心的，本篇仅介绍关于感冒治疗的一些基本观念，以供大家参考。

病毒引起的感冒，采用症状疗法

感冒最常见的原因是病毒感染，大约占全部感冒的80%。一般病毒引起的感冒是不需要用抗生素治疗的，医生所开的药，通常都是一些控制表面症状的药，例如镇咳药、祛痰药、鼻涕药。

这些药并不能使感冒这个病早一点好起来，其目的旨在减轻生病时的症状，使感冒过程过得比较舒服一点。此种治疗方法在医学上称为"症状疗法""支持疗法"或"保守疗法"。

所以，当感冒的症状逐渐改善时，就可以停掉这些药了。而感冒之所以好了，主要是靠患者自己的抵抗力。

细菌引起的感冒需抗生素治疗

大约只有20%的感冒是因为细菌的感染而引起，五六岁以下的小朋友，造成感冒的细菌以"嗜血性感冒杆菌"最主要；超过五六岁以上则以链球菌最为常见。医生如果诊断是细菌造成的感冒，按医学的原则，是一定会给抗生素的。

细菌性感冒未完全治疗，会引起并发症

▶ **肾丝球肾炎**：最常见的两大并发症，一个是"肾脏炎"，医学上称为"肾丝球肾炎"，这是一种链球菌感染以后，治疗的时间不满一个基本治疗过程（7～10天），太早停药，使得残余的链球菌引起体内产生一些抗体，破坏肾脏内的肾丝球所致，进而引起血尿、水肿、高血压等现象。

▶ **风湿病**：另一个更可怕的并发症是"风湿病"，包括"风湿性关节炎"及"风湿性心脏病"。有很多心脏病患者在出生时没有心脏病，但是以后又发

现有心脏病，尤其是很多与心脏瓣膜有关的心脏病，通常都是链球菌引起的感冒治疗不完全所造成的。

大家平日所听到的某某人要换心脏瓣膜，就是属于这一类，各大医院中此种换瓣膜的手术非常常见。这些都是对健康有很大影响的麻烦，不可不慎。

使用抗生素的"争议"

▶ **擅自停药：** 曾住在国外或与外国人熟识的人应该都知道，他们的人民在被告知须以抗生素治疗疾病时，一定会问清楚"使用几天"，若时间未满，在治疗的过程中绝不擅自停药。相对的，不论任何疾病，人们往往会在症状减轻时自动减药或停药，以至于后来才有一大堆人得了并发症，必须洗肾、心脏开刀或换瓣膜。

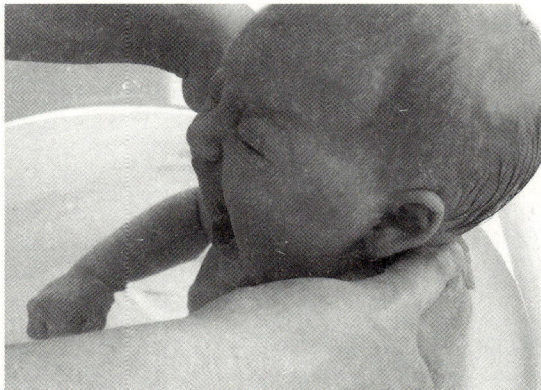

▶ **感冒是否为细菌所引起，无法以肉眼判断：** 政府常对民众灌输"乱开抗生素会造成细菌抗药性"的观念。当然，大家会觉得感冒只有20%是细菌引起的，另外80%是病毒所引起的，所以医生开抗生素药物的机会，不应超过20%。仔细检讨这种论调，在美国、日本等国家可以成立，在国内则不能成立。

因为医师无法用肉眼分辩，哪一位患者的感冒是由病毒所引起，哪一位患者又是由细菌所引起的。所有感冒的症状都是类似的发烧、咳嗽、流鼻涕等。

在国外的标准处理是：只要感冒有发烧或喉咙痛，患者一律要做"咽喉抹片抗体试验"——医师用棉签对着患者的咽喉部抹一下，取其分泌物立刻做一个简单的试验，就像验孕或是验血型一样，很快便能确定是否为细菌感染，并确知该位患者到底需不需要用到抗生素。如此的做法非常清楚，且不会出现抗生素滥用的问题。

▶ **医生的考量：**感冒发烧时，医师不能用肉眼代替检验判定是不是细菌感染的时候，万一这位患者是细菌感染，细菌感染不赶快用抗生素治疗是很容易引起肺炎、脑炎、败血症等并发症甚至死亡造成医疗纠纷。

哪一个医师敢不对可疑的病患赶快用抗生素治疗，以防病情恶化呢？这种情形，即使全世界最好的医师也不敢不用抗生素。如果医师都严守健保规定，所有感冒病患都不用抗生素，受害的是那20%用肉眼分辨不出的细菌感染患者，当然也包括倒霉的医生。

抗生素的使用标准

全世界使用抗生素的标准都是一致的：

· 感冒若需用抗生素，一定是用7～10天。

· 若是中耳炎、小便发炎则至少需用满2个星期。

· 治疗过程中不可以停药，太早停药无法完全清除感染的细菌，残余的细菌将会造成很多并发症。

感冒需要洗喉咙、抽鼻涕吗?

近几年在国内兴起一种世界各国都没有的怪现象:只要是生病感冒了都去洗喉咙、抽鼻涕。不但大人生病如此,连小朋友,甚至婴幼儿一生病也要带去喷一下喉咙、抽一下鼻涕。

现在大家都有很多出国的机会,如果出国的时候稍加注意,就可以发现:不论去到比我们先进的欧美、日本,或是比我们较差的东南亚、非洲,他们的国民在看病的时候,医生都不会有洗喉咙、抽鼻涕的动作。

洗喉咙或抽鼻涕,均无法治疗感冒

是不是这样的治疗方法生病会比较好得快一点?效果比其他国家的医生要好呢?

答案是否定的。我们常见的感冒是病毒或细菌感染,造成发炎的区域是在咽喉、鼻腔、气管黏膜的下层,如果只在喉咙及鼻腔黏膜的表面用药喷一下,根本无效;更何况目前医学对于感冒病毒并没有特效药。

医生常用来喷喉咙的药	
优碘	优碘本来的作用是帮忙皮肤表面的杀菌,但是感冒时喉咙发炎的区域是在黏膜下层,优碘消毒的效果到不了黏膜下层,对病情并没有帮助,优碘在正式医学上也不是这样的用法。
局部清凉、止痛剂	喉咙痛的人,刚喷药时,会感到很舒服,但这舒服感没多久就消失了。

反对感冒洗喉咙或抽鼻涕的原因

对于感冒时喷喉咙、洗喉咙的动作,大多数的医生是相当反对的,其反对的主要原因是:

感冒发炎的区域不只限于喉咙,喷一下、洗一下喉咙对整体疾病的治疗毫无帮助。全世界没有一篇医学报告指出,这样做可使病好得快一些,或对治病有帮助;世界正规的医学中心也都不这样做。大多数这样做的医师明显是在"拉生意"，做一些表面动作讨好患者。

- 喷止痛剂对喉咙痛有暂时的缓解效果，但是感冒喉咙痛的人只占全部患者人数的1/10以下，为什么要让每个病人都喷一下？

- 小朋友，尤其是婴幼儿，其恐惧感、抗拒性非常强，再加上其咽喉腔非常敏感、狭小及细嫩，在局部喷药、抹药时很容易伤到，甚至会出血造成严重发炎，应该避免洗喉咙，而以正规的服药治疗为优先。

  洗喉咙、抽鼻涕是错误的医学行为，停止这种医疗奇观吧！

有必要割扁桃腺吗？

　　扁桃腺是喉部的重要结构，在人体免疫力方面占有非常重要的角色。

　　在人的一生中，3~5岁是扁桃腺最大的时期，加上这阶段很容易感冒，扁桃腺也因而很容易表面上有发炎、化脓的现象，同时也会出现高烧，令父母非常困扰。所以，有些医师会建议干脆把它割掉。

　　但是这样的做法对吗？医学上什么情况下才需要割扁桃腺呢？

扁桃腺不宜轻易割除

　　医学上并不建议轻易割除扁桃腺，因为扁桃腺是口腔内杀菌的第一道防线，割除后口腔内的第一道防线免疫力降低，表面上扁桃腺不发炎，问题解决了，但是细菌容易就此散布出去，造成肺炎、败血症等较严重的全身性感染。

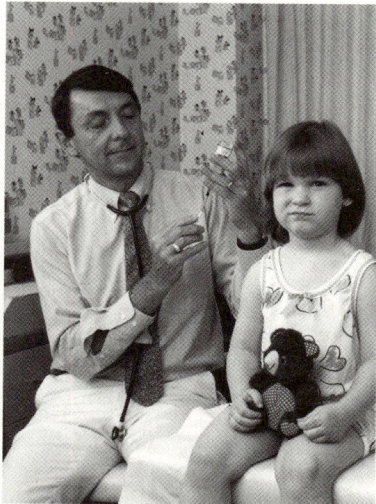

必须割除扁桃腺的情况

▶ **扁桃腺大到有阻塞到呼吸的现象时**：如造成呼吸不顺、有打鼾音时，甚至吸气时胸部会出现凹陷时。

▶ **反复性的扁桃腺发炎**：扁桃腺表面已经像火山口一样，坑坑洼洼的，里面集脓，高烧很不容易降下来时。

▶ **扁桃腺里面长肿瘤时。**

长大后，扁桃腺发炎的情形大为减少

　　过了五六岁以后，扁桃腺的大小自然会萎缩，大部分的人在扁桃腺自然变小以后，扁桃腺发炎的情形也大为减少，不再成为问题了。

第9章

婴幼儿常见疾病

川崎病

"川崎病"是1961年才发现的一种疾病，最常发生的年龄是五岁以下的幼儿，男孩发生的机会比女孩多1.5倍，两岁以下的宝宝占全部病例的一半，所以这是婴幼儿相当重要的一个疾病。以前并不是没有这个病，只是没有将它分类出来。

病因目前仍旧不明

造成此病的原因目前并不清楚，可能与病毒感染和免疫反应有关。因为此疾病最主要的变化是小血管发炎，所以全身皮肤会现出疹子，眼睛结膜的微血管也会充血，甚至于后来的心脏冠状动脉也出现类似血管瘤的变化，万一血管瘤破裂，将造成死亡。

由于病因不明，是否会互相传染目前也不确定。

川崎病的主要症状

由于此病患者从外观上最容易看到的是"嘴唇干裂溃烂"及"淋巴结的肿大"，故此病亦称为"黏膜皮肤淋巴结症候群（Mucocutaneous Lymph Node Syndrome）"，但是使用"川崎症候群（Kawasaki Syndrome）"名称的仍较多，近几年大多数医师都直呼此病为川崎病。

在发烧第10～20天后，手脚由末端的皮肤开始出现整片性的脱皮，在整片皮脱完后，在指甲缝间则会出现交界明显的横沟切迹。

此外，川崎病还会合并有心肌炎、关节炎、无菌性脑炎、肝功能异常等，阴囊红肿，肛门四周脱皮发红，在卡介苗区域也发现脱皮现象。

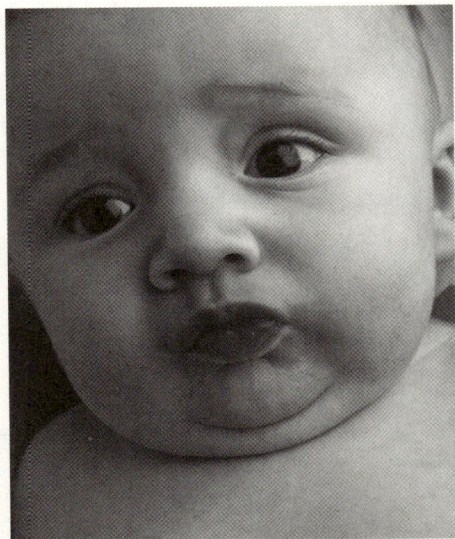

以下6项中，至少其中5项符合才可诊断为川崎病

- 突发性的高烧，温度在38～40℃之间，退烧药只有短暂的效果，时常发烧会持续5天以上，也有人高烧持续2～3周以上，抗生素也无效。发烧后的第3～5天，手脚常出现红肿的现象，仔细观察常可以看到手脚的末梢变红且发胀。
- 身体会出现细颗粒状的小红点，疹子的上面看不到水泡或化脓。
- 两眼的眼白充血，但是不像一般的结膜炎会出现许多分泌物。
- 舌头上的味蕾会出现类似草莓的小颗粒，俗称"草莓舌"。
- 嘴唇干裂、泛红，上有裂缝，咽喉的黏膜也有泛红现象。
- 颈部的淋巴结会明显的肿大，大小大多超过指头大（1～1.5厘米以上大小），而且摸起来像一串念珠一样，又肿又痛，所以常见小朋友歪着头不敢动。

定期追踪检查非常重要

以前大约有：

· 20%的患者会出现心脏的冠状动脉血管瘤；

· 1%左右的患者因血管瘤破裂而死亡；

· 20%～40%的患者会发生冠状动脉病变；

· 0.5%～1%的病患会因动脉瘤破裂或冠状动脉栓塞引起心肌梗死而死亡。

故定期追踪心脏功能及冠状动脉结构是必需的。

目前最好的追踪检查是定期做心电图及超声波心电图检查，如发现异常，则可做心导管检查及主动脉摄影或冠状动脉摄影，以确定病变的严重性，并决定治疗方针。

检验时，白细胞可能升高，大多有贫血的现象，血小板及ESR、CRP也会明显升高。

治疗方式

- **使用低剂量的阿司匹林，可以早期预防：** 阿司匹林有抗发炎及抑制血小板凝集的作用，可以避免冠状动脉发生栓塞。如果没有冠状动脉的异常则持续给予8～10周，若有冠状动脉异常则需长期治疗，直到冠状动脉瘤消失为止。

▶ **急性患者，静脉注射免疫球蛋白**：在急性期症状严重者，可以早期给予静脉注射免疫球蛋白，其可将冠状动脉瘤的概率由15%～20%降至5%，并将巨大冠状动脉瘤的概率由4.7%降至1.2%。

▶ **手术治疗评估**：如果出现冠状动脉瘤，除了要继续维持使用低剂量的阿司匹林以外，亦需由小儿心脏科的医师以心脏超声波追踪检查，以决定是否要接受心导管治疗或其他的手术治疗。

雷氏症候群

早期有些感冒发烧的病人，治疗后几天内突然病情恶化死亡，追踪其生病的过程，找不到任何明显的死亡原因，这些病人也没有肺炎、脑炎等会造成死亡的并发症，在各国都会引起不少的医疗纠纷，认为是医师处理错误，使大家深感困扰。

患者皆曾服用阿司匹林退烧

直至1963年一位澳洲的医生Dr. Reye，他在分析了许多类似的病例后，发现这些死亡者有许多共同点，包括死者的肝脏及脑细胞都有明显的脂肪病变、肝脏肿大、脑压增加，且皆因呕吐、昏迷、抽筋而死亡。

这些病例大多出现在A型流行性感冒的流行期间内，或是得了水痘的患者，而且这些患者在治疗过程中都服用了阿司匹林退烧。

所以Dr. Reye认为，这是一种与阿司匹林再加上某些特殊病毒相互作用有关的病变，造成患者的肝、脑发生病变，而致脑压过高、肝功能衰竭，进而死亡。以后各国的医学界也证实了此种说法，并把这种情形称为"Reye's Syndrome（雷氏症候群）"。

至于为什么服用阿司匹林之后会引起雷氏症候群，其与某些病毒之间的关系为何，其真正原因迄今仍然不明。

台湾地区的雷氏症候群发病年龄，绝大部分在3岁以下（94%），6个月以下的婴儿也不少（37.4%）；最年幼的为出生后19天，最年长的为12岁10个月；男、女比例约为13.4比1。

主要症状与治疗

▶ **从发病（呕吐）到死亡只有两天**：此病的早期就是一般感染了流行性感冒或感染了水痘的症状，但是患者会出现突发性呕吐，接着在几小时到一两天之内，出现意识不清、抽搐而死亡，以往死亡率高达35%，即使侥幸不死，仍有很高的比例会产生神经学上的后遗症，使患者的智力或部分感觉、运动功能永远受损。

▶ **发病期间身体出现的病变**：发病时用眼底镜做眼底检查时会发现，有明显脑压增高的现象，肝功能检查也会出现肝功能异常（通常指数在200以上，但是没有黄疸升高）、血糖明显降低、电解质出现不正常，尤其是血中胺的含量会大为升高。

▶ **其他的早期症状——腹泻或呼吸中止**：有些婴幼儿发生雷氏症候群时，不一定会出现最常见的呕吐现象，而是出现下痢、腹泻的症状，有些还会出现过度换气、呼吸中止的现象，如果再加上抽筋，都要警觉是此病的另外一种早期病变。

▶ **立刻送加护病房**：临床上一旦怀疑是雷氏症候群，即必须紧急住进加护病房，予以一系列严密的监测治疗。

发病率和死亡率已逐年降低

现在因为对此病的了解比较多，医生的警觉性较高，能够早期用仪器监测脑压的变化，用降脑压的药物或手术降低脑压，使此病的死亡率已经大为降低。

而且目前大家已有共识，对于感冒及水痘的患者，尽量不用阿司匹林治疗，此病因此也有明显降低的趋势。

"肠病毒"是引起"雷氏症候群"的新病因?

但是近年来在台湾地区肠病毒的流行曾造成许多婴幼儿的突然死亡，使大家谈虎色变，这些病例中有些婴幼儿的发病过程、临床表现都非常类似雷氏症候群，所以大家又在怀疑是不是肠病毒是引起雷氏症候群的一个新的因素，这一点医学界正在密切注意中。

肠病毒

肠病毒感染是近年来大家闻虎色变的问题，事实上"肠病毒"是一大类病毒的总称，包括"小儿麻痹病毒""柯萨奇（Coxsakie）""伊科（Echo）"以及一般肠病毒三大类，因为这些病毒都是可经由肠道引起感染，所以在学术上统称为"肠病毒"。

问题最大的第71型

其中，小儿麻痹症在经过了多年的预防注射努力防治之后，问题已经很少了，现在的问题是小儿麻痹病毒以外的肠病毒。这些肠病毒可分成60多种、70多型（虽然目前肠病毒已分到71型，但事实上只有60多种，而不是70多种，因为中间有些型并不存在或已被删除），问题最大的是第71型。

同一症状，可能是不同病毒所引起

不同型的肠病毒引起的疾病种类也有些不同，包括手足口病、咽峡炎、无菌性脑膜炎、肢体麻痹症候群、流行性结膜炎、心肌炎等。有些不同的病毒也会引起相同的症状，所以手足口病这类的病症可能在同一人身上发作几次。

台湾好发于春、秋两季

肠病毒世界到处可见，一般在夏季、初秋流行。因为台湾地处亚热带，全年都有可能出现感染，但主要还是在春、秋两季，也就是每年的4~6月份及9~10月份，以4~6月份最为流行。

飞沫和接触是主要的传染途径

肠病毒对婴幼儿的威胁最大，大约有78%的死亡者年龄小于3岁以下。如果是婴幼儿的感染，则多半是父母或哥哥、姐姐由外面带回来的，再经用飞沫或接触传给婴幼儿，所以家人回家时一定要洗手。

当然也可以经由咳嗽、打喷嚏传给小宝宝，所以已受到感染的家人要戴口罩。有些玩具，尤其是抱着玩的绒毛玩具，因为与宝宝的嘴接触较多，也是传染的一大来源。

强大的传染力

· 一般而言，如果感染到肠病毒，在尚未发病的前几天就具有传染性了，这些病毒存在于患者的喉咙和粪便中，其肠道内病毒持续排出的时间可达数周之久。

· 发病后一周内是传染力最高时期。

· 家中及人群密集的地方很容易造成传染。

· 如果家中有两个以上的小朋友感染，则家中第2病例的感染，其病情会较严重，因为感染病毒的量较多。

· 在流行期甚至可以从各种污水中分离出病毒。

一般症状

一般在感染病毒之后2～10天以后才会出现症状，大多数人的症状都不严重。

▶ **手足口症**：标准的症状是口腔的后部、手"掌"、脚"掌"出现水泡、溃烂，在膝盖与臀部也时常看得到相同的水泡，所以常称为"手足口症"。

▶ **咽峡炎**：如果只有口腔"后半部"出现水泡，其他地方没有，则称之为"咽峡炎"。最明显的症状是喉咙很疼、不敢吃东西、口水变多，还可能有高烧。平均7天会痊愈。

▶ **热性疹症：**有的小朋友也可能不出现标准的手足口症或咽峡炎，只有一般的感冒发烧症状，但是在发烧退了以后，皮肤会出现类似长痱子一样、以躯干为主的全身性红疹，医学上称之为"热性疹症（Febrile Exanthematous Disease）"。

危险症状，须紧急送医

但是如果合并有"昏睡""抽筋""呕吐"等症状时，则要住院处理，而且可能有危险性，因为可以合并出现无菌性脑炎、肺炎、心肌炎、心包膜炎及麻痹等并发症。

其他的危险因子还包括：发高烧超过3天，血糖超过150毫克/分升，以及出现四肢无力的症状等，都要特别注意。

发病后两周后，仍应注意，避免传染

肠病毒在发病后1周内传染力最高，须特别将感染者隔离照顾。此外，也必须特别小心发病两周后，虽然咽喉的病毒排出量大量减少，透过口鼻分泌物、飞沫、接触等途径传染的危险性降低，但仍应注意个人卫生，避免接触传染，同时因感染者排出的粪便仍有病毒存在，还是须注意预防肠胃道的感染，养成时时正确洗手等卫生习惯。

肠病毒的预防重点

肠病毒目前并没有特效药可以治疗，所以最基本的方法就是预防。

· 增强个人抵抗力，注意均衡的饮食、营养、运动。

· 注意环境卫生，加强环境清洁，保持空气流通，避免空气感染。

· 加强洗手，尤其是饭前洗手。

· 若家中人员有可能在任何环境中被感染到时，回家一定要洗手、戴口罩，不要抱小宝宝。有小朋友被感染到时不要去学校，并及早找医生治疗。

正确的洗手方法

正确的洗手方法、先后次序分别是：

1. 在水龙头下把手淋湿，擦上肥皂或洗手液；
2. 两手心互相摩擦；
3. 两手从手背、手指、手掌再到手背仔细搓揉；
4. 作拉手姿势以擦洗指尖；
5. 用清水将双手洗净，关水前，先捧水将水龙头冲洗干净；
6. 用干净的纸巾或烘干机将手擦干、烘干，如此才能确保将双手洗净。

平均以肥皂及清水洗手15～30秒，就能够消除九成以上的各种细菌，洗手时，应该要特别注意到大拇指、指尖及指缝等处，家长教子女洗手时，千万不要遗漏这些地方，即使多花几秒钟，也要把双手洗干净。

口腔溃疡的处理

肠病毒造成的手足口病、咽峡炎等在症状上最常见的困扰是口腔溃疡处很痛，痛到不敢吃东西也不敢喝水。在此建议父母：

· 基本的处理原则是尽量给他一些凉一点、软一点的食物吃，如牛奶、稀饭。

· 在国外，医生就时常建议家长给小朋友吃冰激凌，国内的传统观念觉得吃冰的不好，事实上是没有影响的。

· 医生也常会给小朋友一些局部用于口内的止痛药水或"口内膏"，以暂时减少吃东西时的疼痛，这些都是可以采用的方法。

· 任何造成口腔疼痛的病，都可以用以上的方法止痛，例如跌倒造成口唇外伤、齿龈及舌头的溃疡发炎（小朋友常见的"齿龈舌炎"）等。

肠病毒

"柯萨奇病毒"是肠病毒中的一种

肠病毒有六十几种，其中一种为柯萨奇病毒。由于手足口病多由这种病毒所引起，故台湾地区内所流行的肠病毒，大多以"柯萨奇病毒"称之。

肠病毒71型

肠病毒71型是我们目前已知的肠病毒当中，最后被发现的一种，致病力特别高，尤其是神经系统的并发症。之前，数起造成小宝宝或小朋友死亡或不能走路的肠病毒，就是这一型。但家长无须因为孩子感染肠病毒，就因此而慌张无比，因为大部分孩子感染的肠病毒，都不是这种恶毒的病毒，而是其他病症比较轻微的类型，只要及时就医，听从医师嘱咐，给予良好的照顾，通常孩子很快都能好起来。

很像"咽峡炎"的"疱疹性齿龈舌炎"

肠病毒所引起的"咽峡炎"，与另一种病"疱疹性齿龈舌炎（Herpetic Gingivostomatitis）"甚为相似，但是"疱疹性齿龈舌炎"的溃烂位置是在口腔"前半部"，一样会疼痛流口水，但不是由肠病毒造成的。

"疱疹性齿龈舌炎"是一两岁幼童常见的口腔感染，时常因为手部或奶嘴不洁感染到疱疹病毒所引起，大部分的感染也是7天左右会自动痊愈，但是生病期间会有发烧、嘴唇和牙龈溃烂、流口水、怕痛不敢吃东西等现象。

会发疹子的疾病

痱　子

▶ **主要症状——出汗部位长疹子，且无生病症状**：现代家庭都有冷气，宝宝因为天气热而长痱子的机会不多，年轻的父母也可能不太知道什么是痱子。反倒是这几年常常看到父母给才出生的宝宝包得太多，使得宝宝的额头、颈部，甚至身体的躯干长出一些痱子，父母在不了解的情形下，着急地带给医生看。

其标准现象是，除了身体出汗的部位有细细颗粒状的疹子之外，宝宝并没有过任何其他发烧、咳嗽等生病的症状，也没有接触过药物、食物造成过敏的可能。

▶ **改变照顾方式即可改善**：有经验、年龄大一点的医生，一眼也看得出是痱子。只要教导父母稍微改良照顾的方式，就可以了。

另一种宝宝容易长痱子的情形是：当宝宝生病发烧，父母就拼命把小朋友包得一层又一层，如果问父母为什么包这么多？答案通常是："外面有风"，或是说"他的手凉凉的"。如果当时是夏天，家长又会说："车里有冷气"。于是，时常可看到宝宝热得脸色发红，满头是汗。

包个一两天，长痱子是很常见的，于是下一回来看病的时候，父母又紧张地问："是不是出麻疹"？

玫瑰疹（婴儿玫块疹）

▶ **主要症状——高烧后身体长小红疹**：玫瑰疹是一种病毒感染，最标准的症状是，6个月到一岁半大的宝宝忽然发高烧，温度大多高于39.5～40℃，但高烧时除了两个小脸颊会烧得红红的以外，并没有其他如咳嗽、流鼻涕之类的感冒症状，宝宝的胃口、活动力也都还好，检查起来除了喉咙有红肿之外，可能颈部的淋巴结有一些肿大的现象，有的宝宝则会有点泻肚子。

▶ **烧退后，疹子即会逐渐消失**：发烧通常持续3天左右，烧退以后，由身体到颈部出现许多细细的、密密麻麻的小红疹，疹子可以向脸部、四肢延伸，此时宝宝并不会有任何不适的现象。1～3天内疹子会自动消失，身体上不会像得麻疹一样有任何色素沉着或脱屑现象。

▶ **病毒感染所致**：造成玫瑰疹的病毒，以腺毒病（Adenovirus）及一部分的柯萨奇病毒（Coxsakie virus）最常见。这是一种良性的疾病，很少有并发症或后遗症。发生的年龄虽然以6个月到一岁半最常见，但是小至两三个月，大至两三岁的小朋友都可能得到。

▶ **容易因高烧而引起抽筋**：感染玫瑰疹最常发生的困扰是，宝宝因为高烧而引起抽筋。这个年龄的小朋友因为脑细胞的发育还不完全，高烧的时候，容易引起脑细胞之间乱放电的现象，乱放电就会引起四肢突发性的抽筋，把父母们吓得不知所措。

在医学上如果只是玫瑰疹或感冒引起抽筋，而不是得了脑炎、脑膜炎之类的脑子本身疾病，是不会对宝宝有什么长久影响或后遗症的，父母不用过度担心。关于发烧与抽筋的问题本书在另外一章中已经另做讨论（请参考172页）。

肠病毒引起的病毒疹

▶ **主要症状——起疹子且有感冒现象**：肠病毒除了造成手足口病、咽峡炎人人谈虎变色的疾病外，有许多肠病毒中间的柯萨奇病毒在感染到宝宝时，宝宝除了有感冒症状外，身体也会出现疹子。

这些疹子大部分也是类似于玫瑰疹或痱子的样子，不同的是小宝宝同时有咳嗽、流鼻涕等感冒现象。疹子也是3天之内自动退去，不会有后遗症。

麻　疹

目前因为预防注射（请参考68页）实施得非常彻底，都市里已很少见到麻疹，但是有些乡下地区仍然有人迷信出麻疹对宝宝身体好，而不肯打预防针的，所以仍可看到零散的病例。

▶ **主要症状与发病过程**：现在年轻一代的医师看到的麻疹病例不多，时常会不认得这个病。这种疹子最主要的特性是：出疹子的时候会同时有高烧、严重的咳嗽，眼睛发红、怕光。

- **潜伏期**：麻疹传染到以后一般有7～14天的潜伏期。
- **早期症状**：咳嗽、流鼻涕、发烧，非常像感冒。
- **感染的第2～3天**：症状会愈来愈重——咳嗽、发烧加剧，两三天后在第一大臼齿旁的口腔黏膜上，会出现医学上称为"科氏斑"的白色小点，同时眼睛也有发红、怕光、结膜炎的现象。
- **感染的第4天**：开始出疹子，疹子是由发际及颈部开始出，再向下到躯干、四肢。这时候严重的咳嗽很容易并发肺炎，此外脑炎、中耳炎也是在这段高峰期容易出现的并发症。
- **出疹子的第3～4天（感染的第7～8天）**：可以看到上半身出的疹子是互相连接、融合在一起的样子；下半身的疹子则是分散式。
- **出疹子的第7天（感染的第11～12天）**：全部疹子大约在第7天才会消退，但是咳嗽可能会多持续一个星期才恢复。麻疹的疹子在消退了以后，长过疹子的皮肤会呈现脏脏的、有色素沉着且有脱屑的样子。

▶ **"避免并发症"是照顾重点**：麻疹最大的问题是有许多并发症，除了在急性期出现的脑炎、肺炎、中耳炎之外，在恢复以后的几个月到两三年之间，都可能因为残留在脑内的病毒再引起另外一类称为"亚急性硬化型全脑炎（Subacute sclerosing panencephalitis）"的疾病，孩子的身体发育、智能、行动都将因脑部受损退化而变得非常怪异，虽然发生的机会不多，但是医学上仍非常注意。

德国麻疹（俗称风疹）

德国麻疹也像麻疹一样，由于麻疹、德国麻疹、腮腺炎疫苗等预防注射的普遍实施，目前已经很少见，但是因为如果孕妇感染到德国麻疹，可能会造成胎儿的畸形，在医学上仍将此病列为重点监测的疾病。

▶ **主要症状：**也称"三日疹"，因为一般3天之内就消失，症状不重，可能有点发烧，但温度不会太高，有些患者会有点关节痛。

最先出疹的地方是在脸部，在一天内蔓延至全身，可能疹子会有点痒，疹子的分布很均匀，不是呈融合性。

▶ **病程约一个星期：**德国麻疹的潜伏期可以长达两个星期，主要的症状除了发烧、出疹之外，淋巴结会有明显的肿大现象，尤其是后脑及耳后的淋巴结最为明显，大约要一个星期才会消失。

传染性单核球过多症

这是一种所谓EB病毒引起的感染，主要症状也是发烧、出疹子，疹子的形状是全身密密麻麻平均的细小疹子，但是会有明显的淋巴结肿大甚至扁桃腺化脓。此外，肝脏、脾脏也会出现肿大的现象。此种疹子年轻人较多，小婴儿感染到的较少。

念珠菌感染—鹅口疮、尿布疹、败血症

念珠菌是一种常见的真菌，其种类可分为八十几种，最常造成人体感染的是白色念珠菌（Candida Albicans），占全部感染的80%～90%。

白色念珠菌从小婴儿期就存在人体的表面皮肤、肠道以及口腔内。正常情况下，其存在的量不多，而且与其他人体的各种正常细菌保持平衡；但是当人体的抵抗力降低了，或是念珠菌的数量增加太多的时候，这种正常的白色念珠菌就会成为致病菌，造成各种疾病。

现在一方面随着医学的进步，很多抵抗力尚未发育完全的早产儿大为增加；另一方面由于抗生素的大量使用，使得人体正常的细菌菌落被杀死，反而使念珠菌的数目大增，成高感染源。

但是有些正常的小朋友，因为奶嘴等消毒不良，有些因为环境过于潮湿等原因，也会感染到白色念珠菌。白色念珠菌所造成的疾病包括常见的鹅口疮、尿布疹以及较少见的败血症等。

鹅口疮

▶ **感染部位：**宝宝的口内出现白色像奶块一样、黏附于口腔黏膜或舌头上的东西，但是不像奶块一样能够很轻易地被擦掉或剥掉，勉强剥下时，下面的黏膜会出现出血状。

▶ **主要症状：**感染到鹅口疮时宝宝可能不会觉得很痛，但会觉得口腔内涩涩的，喝奶明显感到喝不好。有些蔓延较广的鹅口疮，其范围不仅限于口腔内，用喉头镜或食道镜检查时，甚至可以看到有向下蔓延到食道的。

▶ **治疗方法：**

以前在民间常用浓茶水或紫药水搽抹，但是浓茶水并无实际效果，而且宝宝会因喝了太多茶叶碱而兴奋得睡不着。

紫药水是有效，但是一方面会弄得满嘴变紫色很难看，另一方面紫药水也会造成宝宝泻肚子，现在已很少采用。

现今标准的治疗方式都是用Mycostatin（Nystatin），效果很好。

尿布疹

▶ **感染原因**：普通的尿布疹有时候也会混杂白色念珠菌感染。此念珠菌的来源可能是宝宝肠道内正常的一些菌落，也可能是因为四周环境太潮湿，环境中一些增生的念珠菌造成感染。

▶ **主要症状**：其典型的表现是尿布疹区有高起的颗粒状，尤其是尿布疹区域的边缘有卫星状散出的现象。

▶ **治疗方法**：治疗时除了勤换尿布并在尿布区保持干燥外，在治疗方面亦以含有Mycostatin（Nystatin）成分的药膏为主，严重者亦可以给宝宝口服此药，以加速其复原。

念珠菌引起的败血症

▶ **感染原因**：有些抵抗力差的早产儿、营养不良需要长期由静脉辅助给营养的一些婴儿，以及有各种肺部问题需要使用气管内管的宝宝，都容易因为念珠菌感染造成败血症。

▶ **主要症状**：主要的症状也是发烧、呼吸困难、便血、身体出疹等等。需要做血液、尿液检查及培养才能确定诊断，治疗甚为不易。

半夜屁股痒—蛲虫

一两岁以上的小朋友有时候会半夜屁股痒，如果仔细找，可以在肛门附近找到细细的、白色、1厘米左右长的小小线虫在蠕动，在医学上称为"蛲虫"。

经由粪便传染

寄生虫最主要的传染途径是经由粪便的感染。通常寄生虫会产出非常多的细如灰尘的小虫卵→这些小小的虫卵会随粪便而排出→如果以粪水肥浇菜，这些虫卵就有再入人口的机会→入口后，进入肠道→然后，就在体内再度孵化成为一条新的寄生虫。

蛲虫都在晚上作怪

现今仍然常见的蛲虫则是生活在人类的直肠、大肠内，在晚上入睡以后，平均在晚上9～12点左右，会爬到肛门口的附近排卵而引起瘙痒；有时候蛲虫甚至会蠕动到小女生的阴道口附近，造成阴道口附近的瘙痒。

所排出的虫卵一部分会散落在床单上，另一部分则由于造成肛门附近的瘙痒，引起小朋友用手去抓，一些虫卵就会附着在小朋友的指甲间隙中，在用手抓东西吃的时候就会被一起吞下，进入人体后一般2～4周又在肠道中发育成虫，再重复以上的生命循环。

为了防止在肠内残余的蛲虫卵又再孵化为蛲虫，建议在2周后再服用一次驱虫药，将新孵化的残余蛲虫一次打干净。

"蛲虫检查"已为例行项目

检查蛲虫时可以用透明胶带黏小宝宝肛门附近的皮肤，再用显微镜检查看胶带上有无虫卵即可。现今蛲虫在幼儿园及小学的小朋友中仍然非常常见，在台湾地区几乎每学期各校都会例行为小朋友做这项检查。

治疗与预防

所以了解了蛲虫的传染途径后，就可以加以适当的治疗及预防：

· 吃东西之前一定要洗手。

· 指甲要剪干净，不要有咬指甲的习惯。

· 吃了"打虫药"以后，指甲、床单、内衣也要同时清理。床单、内衣最好用大太阳晒过，或用开水烫过，以确保虫卵完全被杀死。

· 家中有几个小朋友，要同时吃打虫药，因为会交互感染。

· 由于打虫药只会杀死成虫，对于虫卵无效，为了防止一些虫卵再孵化为成虫，所以可以考虑在2~3周以后再服一次打虫药，才能彻底根除。

？ 寄生虫感染，日益少见

近年来寄生虫的感染在台湾地区已经非常少见，传统上的蛔虫、钩虫、绦虫只偶尔会看到。最主要的一点是因为现在蔬菜的种植，已经不再使用"粪水肥"，而改用其他的化学肥料或有机肥料，使得这些寄生虫感染的途径被打断。

唯独生活在人类直肠、大肠内的蛲虫仍很常见，因此，几乎每学期各校都会例行为小朋友做这一项检查。

第 **10** 章

意外与急救

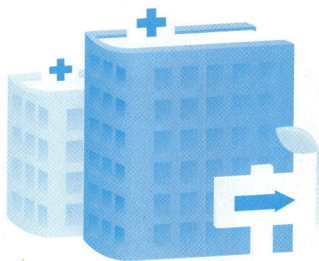

新生儿的急救

新生儿是与成人不同的，呼吸心跳都比较快，呼吸每分钟30～60次，心跳每分钟100～160次，身材又很小，所以在新生儿期如果发生窒息需要急救时，也与成人的急救有很大的不同。

任何原因造成新生儿窒息不能呼吸时，基本的急救原则如下：

▶ **"保持呼吸道畅通"为当务之急**：如果口腔、鼻腔中有任何阻塞物，包括任何在口中的食物、呕吐物都要立即清除，以保持呼吸道的畅通。

▶ **急救步骤：**

1.以双手环绕住宝宝的胸部。

2.两个大拇指按在胸骨的下1/3处，或者可以在两个乳头之间连线的下方为按下的参考位置。

3.拇指按下去的深度为1.25~1.7厘米（二分之一英寸至四分之三英寸），此种方法称为"大拇指压迫法"。也可以用一手的中指加食指，或中指加无名指，以指尖压按胸骨下1/3，另一手则支撑宝宝背部，称为"双手指压迫法"。

4.大约每按3次再用口吹宝宝的口鼻腔，给宝宝人工呼吸一次。建议平均每分钟可以给予心脏按压90次，人工呼吸30次。一般的做法是以2秒为标准，前1秒半按摩心脏3下，剩下的半秒给一次人工呼吸，每30秒停止一下评估一次，直至心跳大于每分钟100下，且再有自主性呼吸为止。

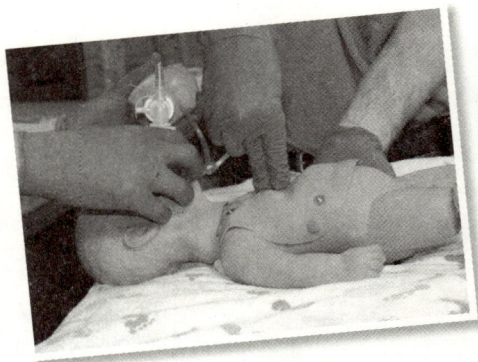

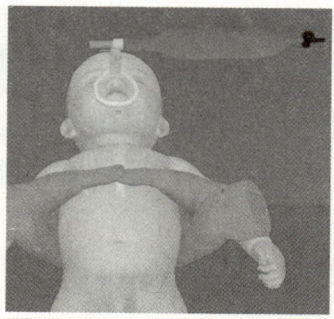

吞食异物的紧急处理

宝宝喜欢什么东西都往嘴里放，不小心吞下一些小东西是常见的事，虽然在相关部门标准的规定下，宝宝的玩具已经有了一定的安全规范，但是家中各种小件物品或食物都可能在防不胜防之下被宝宝吞食。

万一宝宝吞食下这些小东西，怎么处理呢？建议处理的原则如下：

如果吞食的是纽扣、硬币、花生、果核等小东西

▶ **使异物吐出：** 可以立刻把宝宝趴着抱、头朝下、用力拍宝宝背后中间稍高一点的地方，使吞下的异物能够吐出。如果能够吐出来，且没有任何不舒服的现象，则不用担心。

▶ **如果宝宝有下列任何明显不舒服的现象，都要立刻送医，不可延误，** 例如：一直咳嗽、喉咙痛、脸色发白、肚子痛、哭个不停等等。因为这时候不论吞食的物品大小如何，吞下去时可能有刺伤咽喉，有可能卡进气管，也有可能伤到胃或食道，都会造成明显的不适。

▶ **如果确定吞下去的物品不大，表面又很平滑，** 例如：小的弹珠或一元硬币，吞下去以后又没有什么明显的不舒服，仍要带去医院请医生照张 X 光。如果确定在胃里，不是在气管里，医生通常会建议暂时不处理，观察两三天；如果有肚子痛再处理，通常在第3天左右由大便自行排出，父母要注意找大便中有无宝宝吞入的异物。

▶ **如果吞下的物品表面不平滑，** 例如：有尖角，或是体积较大，不论宝宝有没有不舒服的症状，医生通常会用胃镜取出，以预防并发症。

如果吞入的东西较大

例如：吃的饭菜太大口，或吞下去的是整粒带有果核的龙眼、荔枝之类的水果，可能宝宝一下就会出现窒息现象——脸色发白、不能呼吸。此时，父母应立刻：

· 把孩子抱起，用手把他口中的食物挖掉。

· 用双臂由他身后把他抱住，由双手相握用力压他肚脐上面的地方，使卡住他的东西能被吐出。

· 然后立刻送医。

如果吞入的是口香糖

吞入口香糖，也就是所谓的口胶，父母会担心是否会黏到肠子。一般而言，口香糖是不会黏到肠子的；如果黏到肠子，可以控告口香糖公司，因为口香糖本来就可能被消费者误食，制造厂商在制造时本来就应该选用不会黏到肠子的原料，这一点在欧美各国规定很严格。

所以，如果口香糖是由世界性的大公司制造，不小心吞下去是不用担心的；但是如果是由小工厂制造的，仍然要小心观察以后有没有肚子痛、呕吐的现象，怕真的会在肚子里发生粘连造成肠阻塞。

有些口香糖虽然是大公司制造的，质量没有问题，也不会黏到肠子，但是仍然有机会造成慢性的肠阻塞。这是因为被吞下去的口香糖没有被顺利地向下经由肠子、肛门排出，而是在胃里不断地混合着食物搅动，一些不太容易消化的食物黏在这块口香糖上愈黏愈多，终于形成一大团的球状物。

医学上把这一大团东西称为"BEZOAR"胃膀结石，它会慢慢造成肠阻塞，并引起肚子痛或呕吐的现象。

? BEZOAR的其他成因

在医学上还有一些其他原因会造成BEZOAR，如有的人很喜欢用牙齿咬自己的长头发，这些咬下的头发在胃里混合着食物及胃液，也会在胃里形成一团毛发的BEZOAR，进而造成肠阻塞。

牛奶遇到酸，其中的蛋白质一部分会凝结成奶块，有些牛奶喝进胃中遇到胃酸，凝结的奶块在胃中沉淀聚成一大块，也会形成一块团状物造成BEZOAR及肠阻塞。

预防意外的原则和处理方法

　　医药的发达使小朋友生病的死亡率大为降低，但是儿童因为发生意外所造成的死亡，近几年来已经飙升为儿童死亡原因的前两名。如何避免意外的发生是儿童照顾上的另一个新课题。

　　意外的发生，大致可以分为外伤与非外伤两大类，割伤、烧烫伤、骨折、溺水……属于外伤类，食物、药物中毒、异物食入、电击……属于非外伤类。而小朋友最常发生的还是以外伤居多。

避免意外发生的基本原则

- 危险物品、药物尽量放在宝宝拿不到的地方，放高或锁好。
- 不让他自己独处，6岁以下最好随时在大人视线范围内，比较安全。
- 宝宝一两岁以后就可以开始教他懂得：哪些是危险的地方不可以动。
- 家中的厨房、电源要教导小朋友不可接近。
- 小朋友在游乐场及各种公园等地方时，家长一定要随时陪在身旁，那是最容易发生意外的地方之一。
- 勿给宝宝吃有核的果实。

发生意外的紧急处理

▶ **维持呼吸道通畅**：把口鼻中呕吐物或阻塞之物立即清出，可用手指挖出，或使其脚高头低，采伏卧姿，将异物引流出。若有吞入异物，请参考本书245页〈异物吞食的紧急处理〉。

▶ **维持呼吸**：若不能自行呼吸时，要立刻施行口对口人工呼吸。

　　维持血液循环：若没有脉搏时应立即施行心脏按压，此外须及早求救及送医治疗。

▶ **烧烫伤意外**：记住"冲、脱、泡、盖、送"五字诀，并切实执行，切勿胡乱涂抹东西。

▶ **骨折或脊椎受伤：**要注意固定，勿任意移动病患，以免伤势加剧。

▶ **有伤口出血时：**应先以干净的纱布或毛巾做局部压迫止血，尽量避免污染，并立即送医。

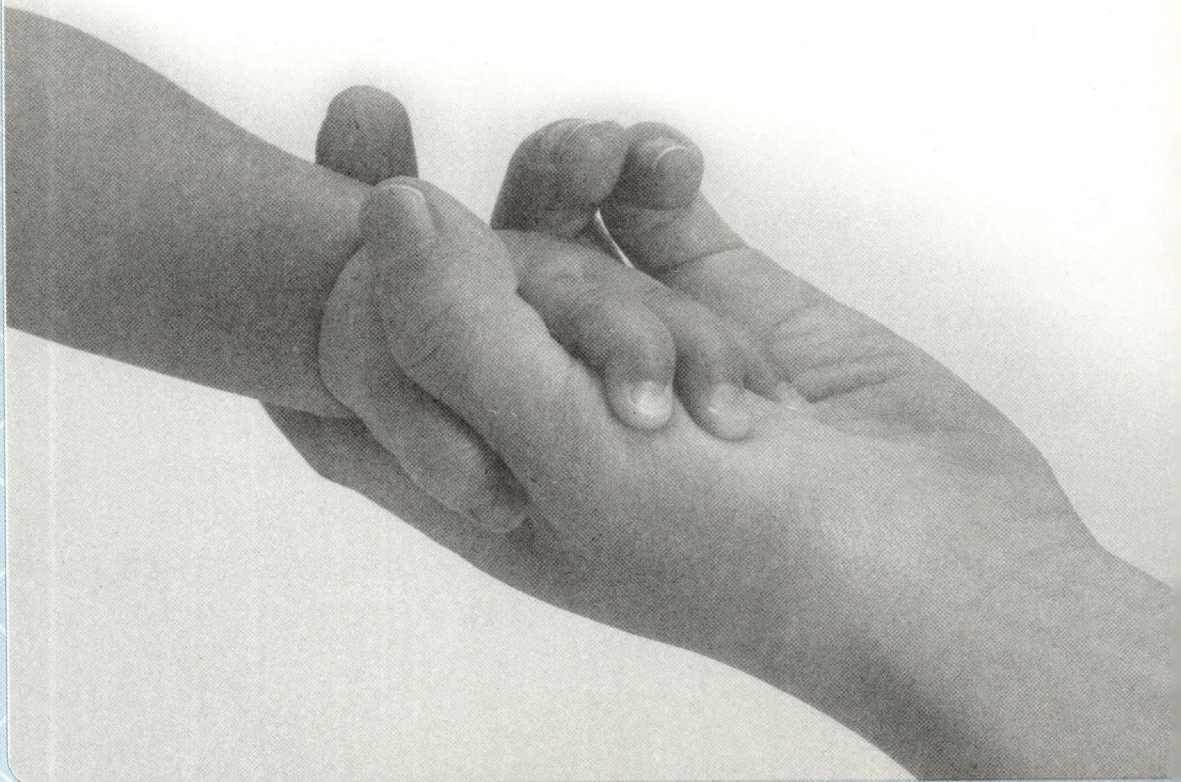

鸡肝蛋黄羹

蛋白质（克）	脂肪（克）	碳水化合（克）	热量（焦）
8.8	3.7	12.2	490.3

▶ **材料：**

- 鸡肝25克
- 鸡蛋个
- 粳米15克
- 清水、盐适量

▶ **作法：**

1. 先将鸡肝剔去筋膜，淘洗干净，捣成泥备用。

2. 取出鸡蛋黄备用。

3. 粳米淘洗干净，加适量清水，先用大火烧开，再以小火熬成稀粥。

4. 加入鸡肝泥和蛋黄，边加边搅拌，搅匀后烧开，用少量盐调味即成。

▶ **特点：**

鸡蛋含有丰富的蛋白质和氨基酸，配上富含血红蛋白和铁质的鸡肝，在宝宝的生长发育关键时刻，是非常好的营养补充。

（摘自《专家教你做宝宝美味健康食谱》）

冬瓜鸡肉粥

蛋白质（克）	脂肪（克）	碳水化合（克）	热量（焦)
2.9	5.3	12.2	451.86

▶ **材料：**

· 粳米15克　　　· 冬瓜15克

· 鸡肉末7.5克　　· 植物油、酱油、盐、清水适量

· 葱、姜末少许

▶ **作法：**

1. 冬瓜去皮，洗净，剁碎备用。

2. 将粳米淘洗干净，加入适量清水用大火煮开，加入剁碎的冬瓜，改以小火熬至黏稠。

3. 在炒锅内放入适量植物油，油温到六分热，加入葱及姜末，炒出香味，再放入鸡肉末炒散，放酱油搅匀。

4. 倒入米粥内，搅拌均匀，熬开起锅，加入盐调味即成。

▶ **特点：**

冬瓜可祛暑除湿，是夏季的饮食佳品。鸡肉含有多种蛋白质和氨基酸，配上时令的蔬菜，不但营养丰富，而且口感软烂，宝宝肯定喜欢。

（摘自《专家教你做宝宝美味健康食谱》）

小宝贝成长记录表

小宝贝 　　年 　月 　日 　点 　分 出生

日期	天数	身高（cm）	体重（kg）	体检情况	预苗	健康状况	备注
年 月 日							
年 月 日							
年 月 日							
年 月 日							
年 月 日							
年 月 日							
年 月 日							
年 月 日							
年 月 日							
年 月 日							
年 月 日							
年 月 日							
年 月 日							
年 月 日							
年 月 日							
年 月 日							
年 月 日							
年 月 日							
年 月 日							
年 月 日							
年 月 日							
年 月 日							
年 月 日							
年 月 日							
年 月 日							
年 月 日							
年 月 日							
年 月 日							
年 月 日							
年 月 日							

著作权合同登记号：图字 02 — 2013 — 2 号

图书在版编目（CIP）数据

宝宝育儿百科 / 吕适存 著 . -- 天津 : 天津科学技术出版社 , 2013.1

ISBN 978-7-5308-7749-4

Ⅰ . ①宝… Ⅱ . ①吕… Ⅲ . ①婴幼儿—哺育—基本知识 Ⅳ . ① TS976.31

中国版本图书馆 CIP 数据核字 (2013) 第 026331 号

责任编辑：张建锋　方 艳

责任印制：张军利

天津出版传媒集团

天津科学技术出版社

天津科学技术出版社出版、发行

出版人：蔡颢

天津市西康路 35 号　邮编 300051

电话（022）23332695（编辑部）　23332393（发行部）

网址：www.tjkjcbs.com.cn

新华书店经销

湖南凌华印务有限公司印刷

开本 710×1000 1/16　印张 16　字数 236 千字

2013 年 4 月第 1 版第 1 次印刷

定价：38.00 元